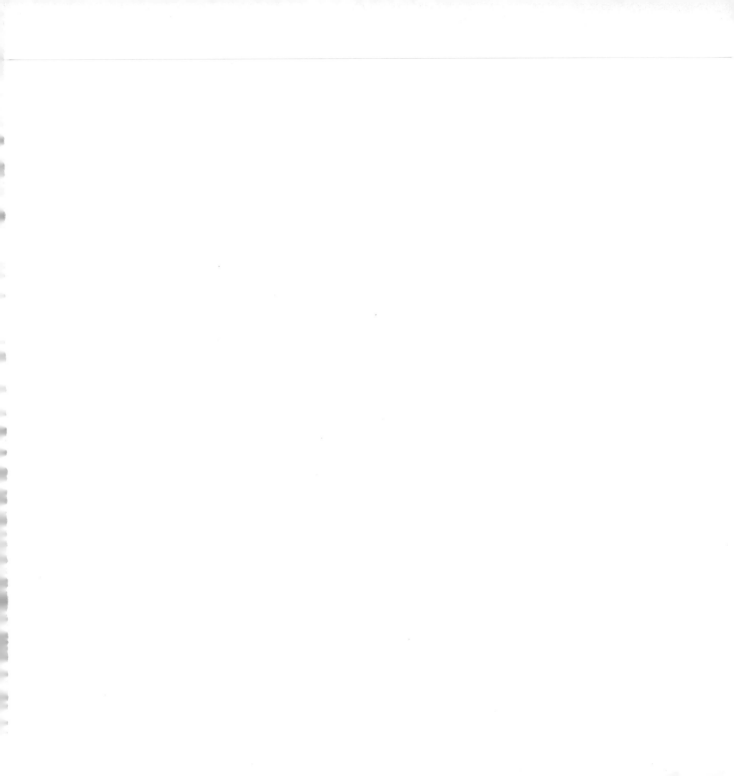

科學天地 65

World of Science

搞定幾何！

──問數學博士就對了

Dr. Math Introduces Geometry

Learning Geometry Is Easy! Just Ask Dr. Math!

by The Math Forum, Drexel University

數學論壇＠卓克索大學／著　葉偉文／譯

作者簡介

數學論壇＠卓克索大學（The Math Forum, Drexel University）

數學論壇的前身是幾何論壇，1992 年在美國賓州斯沃斯摩爾學院（Swarthmore College）成立。 1994 年秋，幾何論壇推動了一個嶄新的網路數學問答計畫，叫做「請問數學教授」（Ask Prof. Maths），讓中學生可以上網提問數學問題，得到解答。這個網站受到美國中學生、中學老師極高的迴響和好評。

卓克索大學是網路教學的拓荒者之一，接辦幾何論壇之後，在「請問數學教授」的基礎上，擴展成「請問數學博士」（Ask Dr. Math）計畫，以斯沃斯摩爾學院數學系的學生爲班底，1995 年秋天起，廣納全球各大學數學系菁英超過三百位，擔任答題志工（暱稱特勤隊），參與回答世界各地學生的提問。

1996 年，幾何論壇獲得了美國國家科學基金會的贊助，擴大規模，成爲「數學論壇＠卓克索大學」（網址是 www.mathforum.org），透過互動式解惑服務，協助莘莘學子提升數學能力。如今已是最成功的教育網站之一，擁有超過 1,200 萬張網頁，每個月有 200 萬人次造訪，丟出 9,000 個問題詢問「數學博士」；網友也可以直接搜尋題庫，觀看過去最精彩的解答。

譯者簡介

葉偉文

1950年生於台北市。國立清華大學核子工程系畢業，原子科學研究所碩士。現任台灣電力公司緊急計畫執行委員會執行祕書。

譯作有《幹嘛學數學？》、《數學小魔女》、《數學是啥玩意？I～III》、《葛老爹的推理遊戲 1、2》、《一生受用的公式》、《統計你贏的機率》等二十餘種（皆為天下文化出版）。並曾翻譯大量專業作品，散見於《台電核能月刊》。

Contents

數學博士說⋯⋯

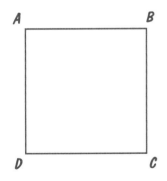

這是一個正方形。如果你告訴我，它的邊長是兩個長度單位的話，那我可以告訴你，它的對角線距離（就是從 A 到 C ，或從 B 到 D）大約是 2.828 。

確定是 2.828 嗎？不是的，精確的值應該是 $2\sqrt{2}$ 。但這還有個前題，就是它的邊長要不多不少，確定是 2 才行。這樣，對角線的長度才確定是 $2\sqrt{2}$ 。全世界沒有一把尺，可以量到這麼準確的。所有的度量，都有某種程度的不準確度。

請看看這本書的書頁，邊緣有沒有一些磨損？上面這個正方形，在顯微鏡底下還是正方形嗎？四個角都是直角嗎？假設你看得見紙上的原子，這些原子確實排成一直線嗎？我們用的直尺，不可能精密到這個程度，能做出這種度量的。我們的世界也不存在這麼細緻的邊緣。

　　或許你會懷疑，如果不可能做出絕對精確的度量，那麼我們是如何建築房屋、製造出可用的機器呢？答案是，我們能找到一種足夠精確的度量方法。如果我的直尺告訴我，一張紙大約有 18 公分長，那麼我把它對摺之後，得到的長度大約會是 9 公分。利用捲尺，技術精良的木匠就能夠做出一個正方形的棧台，又平又直。木匠可能不知道，他做出來的棧台，精確度在十分之一公分以內。

　　那麼，有沒有我們可以精確度量的完美形式呢？有！它們就存在思想裡。就是我們現在要研究的幾何學。幾何學可以應用在眞實的世界裡，幾何學的原理使我們能夠在心裡建構一個美妙的世界；儘管眞實世界的材料與度量都是不完美的。

　　這本書將爲大家介紹二維世界（平面）的定義和特質。這裡包含了：正方形、三角形與圓形。你將學會：如何應用這些圖形；如果圖形的某一個尺寸改變了，其他的相關尺寸將如何改變。你也會學到一些三維的物體（立體），這些三維物體有哪些特性與二維物件是共通的？又有哪些與二維物件不同？最後，我們會談到一些平面上的圖形模式，特別是對稱和嵌鑲。

　　在你認識平面幾何之前，早就看到過很多完美的幾何圖形在身邊晃來晃去了。數學博士歡迎你到幾何世界來，學習使用幾何學的語言。

第 **1** 部

二維幾何圖形

◎點、線、面　◎角　◎三角形　◎四邊形

　　二維（two-dimensional）幾何學有很多不同的名字，例如座標平面幾何、笛卡兒（Cartesian）幾何與平面幾何等等。但指的都是同樣一件事：研究在座標平面上的幾何圖形。

　　你們還記得座標平面嗎？它是一個網格狀的系統，在這個系統裡，只要用兩個數字，就能標出任何一點的位置。第一個數字是 x 軸的座標值，告訴你這個點，在原點（origin）的左方或右方，距離有多遠。第二個值是 y 軸的座標值，告訴你這個點是在原點的上方或下方，距離是多少。

　　y 軸是垂直的；而 x 軸是水平線，有點類似地平線。

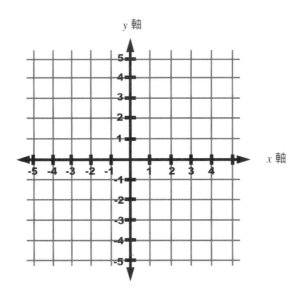

　　在幾何學裡，你們會看到許多座標平面。但有的時候，只需要知道一個圖形是在平面上或是二維的就夠了，不必知道它的位置。

　　在這〈第 1 部〉裡，數學博士要把二維平面最常見的一些圖形介紹給大家，告訴你們圖形各相關部位的名稱，以及它們之間的特性與關係。

數學博士在這一部，要解說的是：

◎ 點、線、面

◎ 角

◎ 三角形

◎ 四邊形

1.　點、線、面

點、線與面，通常對應的說法是，座標平面上零維、一維與二維的圖形。

線是一維的，因為只要一個數字，代表和零之間的距離，就能知道線上任何一點的位置。

平面是二維的，你需要 x 與 y 的值，才能決定平面上某個點的位置。至於點，是沒有維度的。一個點只有一個位置──如果你正好在這個點上，那就不需要有任何數字告訴你在哪裡，因為你已經在點上了嘛！

點、線、面是整個幾何系統的基礎。

但有一點要特別提出來說明的，就是點、線、面都是「未定義」（undefined）的名詞。怎麼會這樣？這個嘛！我們所能給它們的任何

定義，都需要一些別的數學觀念，而這些數學觀念必須有點、線、面觀念的協助，才能定義得出來。換句話說，如果要定義點、線、面，就會落入循環引述的邏輯矛盾裡，那會像「雞生蛋、蛋生雞」一樣扯不清。

未定義的幾何名詞

親愛的數學博士：

　　我知道他們說點、線、面是幾何學上的未定義名詞。難道真的沒辦法給它們下定義嗎？舉例來說，我們可以定義直線是兩條指向不同方向的射線，集合在一起的。我從來不認為有什麼東西是無法定義的。有沒有可能為這三個幾何名詞下定義？

　　敬祝　　大安

　　　　　　　　　　　　　　　　　　　　　　　　　　理昂

親愛的理昂：

　　如果依照你對線的定義，我們首先必須定義出「射線」與「方向」。你能不能避免用到點、線、面的觀念，來定義這兩個名詞？

　　這樣想吧，數學好像一座巨大的建築物，裡面的每一部分，都是以底下的部分做基礎，經過一連串的邏輯推理過程而來的。那

麼，最底下的基礎是什麼？有沒有什麼部分是不靠別人的？

一定有一層最下面的東西，它的下面就沒有任何屬於這座建築物的部分了。否則，整個東西會一直循環下去，找不到任何起點或立足點。未定義的名詞，就是「數學」這座建築物最底下的基礎，然後搭配一些規則，告訴我們怎麼去證明一項命題是真的，或正確的。

數學的目的，不是要建構一個自給自足的系統，裡面完全沒有未定義的名詞。只是要盡量減少定義的數量，使我們有一些可接受的基礎。由這些基礎開始，數學的其他部分都是有定義、而且結構嚴謹的。另外的一項目標，是讓這些沒有定義的名詞淺顯易懂，讓大家很容易接受。即使我們無法正式證明它們的存在，也無妨。

我們換個方式來說吧，從人的溝通角度來說，這些名詞是有定義的。我們很容易瞭解這些名詞的意義。它們只是沒有數學上的定義，沒辦法引用其他有數學定義的名詞來說明而已。

—— 數學博士，於「數學論壇」

什麼是點（point）？

親愛的數學博士：

　　拜託給「點」下個定義好嗎？

　　敬祝　　大安　　　　　　　　　　　　　　蘿倫

親愛的蘿倫：

　　在幾何學上，「點」這個詞是未定義的。但對我們來說，描述一個點並不困難，只是無法定義而已。點是個只有一種特性的幾何元素或實體，它指示了位置。點沒有大小、顏色，無臭無味。當我們談到一個點，我們指的是某個特定的位置。

　　舉例來說，在數線（number line）上， 2 這個數字只代表上面的一個點。點是無限小的。意思是說，代表 2 與代表 2.000000001 的點，是兩個不同的位置。下面畫的是一條數線：

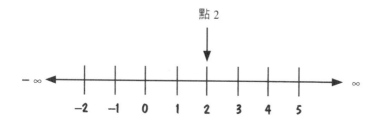

如果你想區分數線上的某個位置出來，只要點上一點就夠了。接著，把這個點在數線上代表的數字標出來。一旦提到這個數字，指的就是這個點的位置。

現在，如果在二維空間，譬如一張紙上，你要如何區分一個位置呢？假設我們有兩條數線：一條水平而另一條垂直。我們指出所要的位置 P：

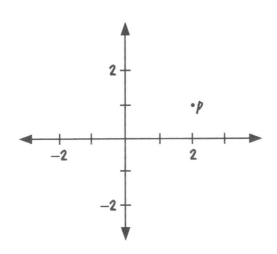

我們要如何說明 P 點在哪裡呢？我們現在不能只說 P 點在 2 上，因為人家並不知道它是在哪條數線上的 2。它是沿水平線的 2 呢？還是垂直線上的 2？

這時候要描述 P 點的位置，必須分別說明它的水平與垂直位置。因此我們可以說：「P 在水平位置 2，垂直位置 1 的地方。」

但是這種說法太囉嗦了。而「描述平面上某個特定的位置」這件事又非常重要，因此我們決定了一些規約，讓生活變得簡單些。我們稱水平的數線爲 x 軸，垂直的數線是 y 軸。大家約定，談到二維平面上某個點的位置時，寫成下列的方式，即：

（沿 x 軸的位置，沿 y 軸的位置）

因此，上面的那個 P 點，就是（2, 1）

二維平面上的任何一點，都可以依上面的方式，用一對數字來表示。例如（4, 5）、（6.23432, 3.14）與（−12, 4）都是不同的點。

—— 數學博士，於「數學論壇」

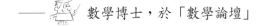

射線（ray）、線段（line segment）、線（line）

親愛的數學博士：

　　我想知道什麼是射線、什麼是線段、什麼是線？它們有什麼不同？謝謝您。

　　敬祝　　大安　　　　　　　　　　　　　　　　　　　　理昂

親愛的理昂：

在幾何上，你可以把線看成一般的直線。但是幾何的線有一些特性，使它與別的課程談到的線，像美術課裡的線，稍有不同。幾何學裡面，線會向兩端無限延伸，它絕對的直，而且沒有寬度。

數學家所談的直線，沒有占任何寬度，這很難想像。當我們在紙上畫一條線，不管多細，它還是有個寬度的。但是當我們研究幾何學上的線時，我們想像線只是一條抽象的圖示，完全沒有寬度。

下面是大部分人所畫的線。兩端的箭頭代表它能往左往右無限延伸：

射線與線很像。射線就像一條線，不同的是，它只能向一個方向延伸。因此，它由一個點開始，然後向著一個方向無限延伸。你可以把陽光想像成一條射線。起點就是太陽，而光線離開太陽，向四面八方散射出來。下面畫的就是一條射線：

至於線段，顧名思義，就是一段線。它從一個點開始，沿著直

線前進了一段距離，停在另一個點上。畫起來是這個樣子：

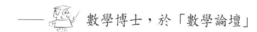

　　有時候，我們喜歡在端點上畫個小黑點。這時候，射線與線段就變成這樣子：

—— 數學博士，於「數學論壇」

線與線段的記號

　　學幾何的時候，你會碰到線與線段的記號。以下面這一條線當例子：

相關的記號或符號如下：

$\overline{AB}$ 表示包含端點 A 與 B 在內的線段，唸成「線段 AB」。

$\overleftrightarrow{AB}$ 表示通過 A 、 B 兩點的直線，唸成「線 AB」。

線 AB 也可以用小寫字母 l 來表示，唸成「線 l」。

2. 角

日常生活裡，我們常碰到許多角度。例如鐘面上的指針之間，或者門打開的程度，甚至手肘關節、大腿和小腿間的關節處。不管任何時候，只要有兩條直線、射線或線段相交，就會形成角度。

一個角和另外一個角是如何區別的呢？角的不同，主要是看它「下巴」的張開程度。要決定角的開口大小，首先假設有兩條線段重疊在一起。然後你把上面的那條線段掰開一點點（當然兩條線段的某個端點是固定在一起的），你也可以開得很大，甚至大到快回到它原先重疊的位置了。我們通常用「度」（degree）來度量一個角的開口大小。

在這一節，我們會談到不同種類的角，以及如何度量一個角。

 什麼是頂點（vertex）？

親愛的數學博士：

　　頂點是什麼意思？

敬祝　　大安

蘿倫

親愛的蘿倫：

　　頂點是角的兩邊交叉在一起的點，或是多邊形的兩條相鄰的邊

交會的點。

　　三角形會有三個頂點。

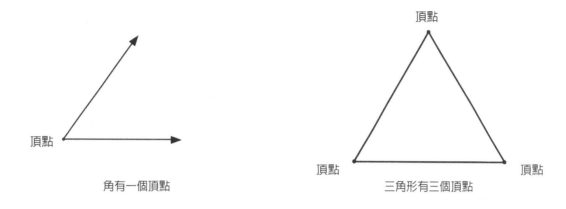

角有一個頂點　　　　　　　　　三角形有三個頂點

—— 數學博士，於「數學論壇」

 角的種類

親愛的數學博士：

　　我要如何記住各種不同的角？例如銳角或直角？

敬祝　　大安　　　　　　　　　　　　　　　　　　理昂

親愛的理昂：

　　我們常用「度」來度量角的開口大小，而一個圓是 360 度。角

主要分成三種，是以開口的大小來區分的，分別是：

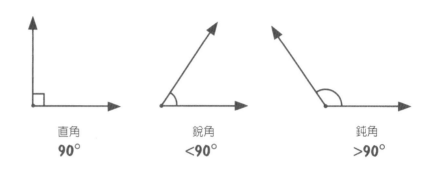

我從直角（right angle）開始做說明。一個直角正好是 90 度（簡寫成 90°），因為它站得直直的，所以叫做直角。

其次是銳角（acute angle），就是開口小於 90°的角。銳就是銳利的意思。鉛筆的筆尖或刀子的刀鋒要銳利，筆尖或刀鋒的角度必須很尖很小。銳角的「銳」，英文字是 acute，用在醫學上是「急性的」意思，譬如，你若是讓尖銳的東西戳到，立刻會感覺痛。針炙也是使用很銳利的針。你可以這樣記住「銳角」的定義：會割傷你的，是很銳利的角 —— 小於 90 度。

最後，我們談到開口很大，在 90°到 180°之間的角。這種角叫做鈍角（obtuse angle）。「鈍」的英文字 obtuse，本來是個拉丁字，代表遲鈍或駑鈍。我們有時候說一個人不聰明，也說他「鈍鈍的」。你可以這樣記住：那個既不「直」、又不「銳」的角，就是鈍角。

還有一種角，不屬於上面那三類，已經跑到另外一側去了。也就是說，角的開口超過 180°，我們稱這種角爲優角（reflex angle）。例如右邊的圖裡，角 A 就是一個優角。（右圖另外一側的角是一個鈍角。）

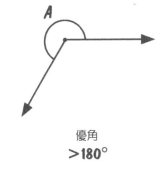

優角
>180°

優角的「優」，英文字是 reflex ，有「彎到背面去」的意思。就像我們把兩臂張開，彎到背後去。有人做得到，也有人做不到。你呢？

希望你記得住這幾種角。

—— 數學博士，於「數學論壇」

餘角（complement angle）與補角（supplement angle）

親愛的數學博士：

　　我們在學校裡，老師提到什麼餘角與補角。我根本不知道它們是什麼意思。今天的隨堂測驗裡有一題，要求出 C 的餘角。我根本不知道該從哪裡下手。另外有一題，要我們求三角形的第三個角，它的兩個角是 x 度與 $x - 10$ 度之類的。你能不能稍微說明一下？

　　敬祝　　大安

蘿倫

親愛的蘿倫：

　　你的問題出在「餘角」與「補角」這兩個名詞上。如果不特別把它們記住，單從字面是看不出意思的。

　　那麼，究竟什麼是餘角，什麼是補角呢？

如果你把兩個角靠在一起，它們合起來剛好是 90 度，構成一個直角，我們就說這兩個角互為餘角。

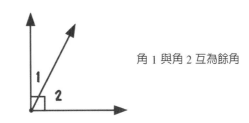

角 1 與角 2 互為餘角

如果兩個角靠在一起，加起來正好是 180 度，那麼這兩個角就互為補角。

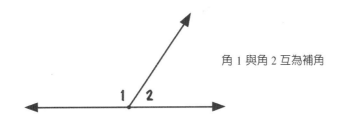

角 1 與角 2 互為補角

我們舉幾個例子，說明餘角與補角：

30 度與 60 度，2 度與 88 度，14 度與 76 度，都是互為餘角。

30 度與 150 度，2 度與 178 度，14 度與 166 度，都是互為補角。

因此，你要記的是，什麼角加起來是 90 度，而什麼角加起來

是 180 度。該怎麼記住這兩個名詞呢？我建議你從一句俗話去記憶：「比上不足，比下有餘」。 180 度比 90 度大，所以 180 度是「上」， 90 度是「下」。比「上」「不足」，就需要「補」足，才會完整，所以加起來 180 度是補角；比「下」有「餘」，那麼加起來 90 度當然就是餘角啦！

如果你知道兩個角互相是餘角或補角，那麼只要知道其中的一個角，另一個角就自動跑出來了。怎麼會呢？

這樣吧，假設他們是補角，那麼兩個角加起來應該是 180 度。

$$這個角 + 那個角 = 180 度$$

因此，

$$這個角 = 180 度 - 那個角$$

且

$$那個角 = 180 度 - 這個角$$

如果談的是餘角，關係也是一樣的，只要把 180 度改成 90 度就行了。

因此，當你看到這段陳述「（某個角）的補角」時，你可以立刻把它轉換成「180 度－（某個角）」。這裡的某個角，可以是特定

的數值，譬如說 26°，則

$$26° \text{ 的補角} = （180° - 26°）$$

這樣，你會得到一個數值。但是如果你沒有數值，只有一個變數，像是 x，或是一段表示角度的陳述，像是 $x - 10$，也沒有關係。只要把這個變數或這段陳述，代進式子裡的相關位置就行了。例如：

$$（x° - 10°）\text{ 的補角} = 〔180° - （x° - 10°）〕$$

注意，你要把有關角度的陳述，用小括弧或中括弧代進去。但是在解開括弧的運算過程時，要特別小心。否則可能會出錯。例如：

$$〔180° - （x° - 10°）〕 \quad 並不等於 \quad （180° - x° - 10°）$$

$$（180° - x° + 10°） \quad 並不等於 \quad （180° - 10° - x°）$$

$$（190° - x°） \quad 並不等於 \quad （170° - x°）$$

我們學餘角或補角做什麼？餘角、補角有什麼用處？

因為在幾何裡，我們常把圖形分割成三角形，再來研究。這樣會使問題簡單得多。而三角形的三個內角，加起來正好是 180°。因

此，如果我們知道了三角形的兩個角，則第三個角正是這兩個角加起來之後的補角。

最容易處理的三角形是直角三角形。它有一個內角是 90°，因此另外兩個角加起來，就是 90°，彼此互為餘角。所以，如果你知道直角三角形的一個銳角，那麼另一個銳角就是已知角的餘角了。

——  數學博士，於「數學論壇」

運算的順序

如果你忘了，這裡是數學式裡的運算先後順序：

1. 先算括弧（由內而外）

2. 再算指數

3. 後算乘、除（由左而右）

4. 最後算加、減（由左而右）

同位角（corresponding angle）、交錯角（alternate angle）

親愛的數學博士：

　　請說明一下同位角與交錯角。

敬祝　　大安

理昂

親愛的理昂：

　　要說明同位角與交錯角，必須先畫個圖，才比較容易瞭解。

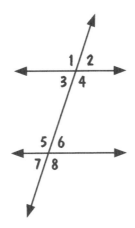

　　在這個圖裡面，標了很多數字，但是你先別擔心，我們會一一把它們解決掉的。

　　假設有兩條橫線互相平行（parallel），意思是說，它們傾斜的程

度（斜率）相同，永遠不會相交。而這兩條平行線被另一條線切割而過，這條切割線就叫做截線（transversal）。你可以看出這條截線與原來的平行線，在相交的地方構成了很多角。我用 1 到 8 這八個數字，把這些角標示出來。

當你碰到這種情形，也就是有一條截線與一對平行線相交時，就會碰到所謂的同位角與交錯角了。

看看這個圖，我們可以很輕易的把這八個角分成兩組。其中 1、2、3、4 是第一組，5、6、7、8 是第二組。第一組是截線與第一條平行線構成的角，第二組則是截線與第二條平行線相交所形成的角。

你有沒有覺得第二組的角，與第一組的角，長得非常像？如果第一組的某個角與第二組的某個角是在相對應的位置上的話，我們就說，這兩個角是同位角。例如，角 1 與角 5 就是同位角，因為它們都是在交叉點左上角的位置。角 1 是 {1, 2, 3, 4} 這組角的左上角，而角 5 是 {5, 6, 7, 8} 這組角的左上角，是在相同（或對應）的位置。

同樣的，3 與 7 也是同位角，它們同在交叉點左下的位置。圖裡面還有另外兩對同位角，你知道是哪兩對嗎？

同位角另外還有一個特性，就是大小相等。你知道為什麼嗎？（想想看一條線與平行線相交的情況。）

現在，我們再來談交錯角。

如果有兩個角，能符合下面三個條件，我們就說這兩個角是交錯角：

(1) 兩個角必須都在平行線的內側或外側。在這個例子裡，我指的內側是 3、4、5、6 這四個角，外側是 1、2、7、8 這四個角。

(2) 兩個角必須在截線的不同側。也就是說，3 與 5 不會是交錯角，因為它們在截線的同一側。

(3) 兩個角必須來自不同的組。如果其中的一個角是上面那條平行線與截線形成的角，則另一個角必須是截線與下面那條平行線所構成的角。換句話說，兩個交錯角，如果其中一個來自 $\{1, 2, 3, 4\}$，則另一個必定來自 $\{5, 6, 7, 8\}$。

這些條件看起來似乎有些複雜。但如果我們配合圖形，逐條檢視，不難看出交錯角是什麼意思。

(1) 由第一個條件，我們知道，3、4、5、6 之間有可能出現交錯角，而 1、2、7、8 之間也有可能。這個條件刪除掉許多別的可能性。

(2) 第二個條件告訴我們，交錯角必須互相在截線的對面。因此，3 與 5 不可能是交錯角，4 與 6 也不可能是，1 與 7

也不會是，2 與 8 也不是。

(3) 再加上第三個條件的檢驗，我們知道這個圖裡，不多不少，正好有四組交錯角：3 與 6，4 與 5，2 與 7，1 與 8。例如 3 與 6，這兩個角完全符合上面的三個條件：它們都在平行線的內側；它們分別位於截線的兩側；而且是來自不同組的角。

交錯角也有一個很重要的特性，就是角度也是相等的。這個特性很容易證明，你看得出原因嗎？

—— 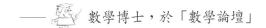 數學博士，於「數學論壇」

外錯角（alternate exterior angle）

親愛的數學博士：

我花了好幾個鐘頭，想查出什麼是「外錯角」來。我們老師列了一張幾何名詞清單給我們回家查。只有這個名詞查不到。我快抓狂了。我知道什麼是內錯角（alternate interior angle），但不知道什麼是外錯角。我一點頭緒也沒有，請您幫幫忙。

敬祝　　大安　　　　　　　　　　　　　　　　蘿倫

親愛的蘿倫：

　　給你一個很平常的生活提示，「內」就是「裡面」的意思，那麼「外」當然就是「外面」啦。

　　內錯角是一種交錯角，是指：位於截線兩側、同在兩條平行線內側，而互相交錯的兩個角。下面左邊的圖裡，標著 1 的那對角，與標著 2 的那對角，都是內錯角。

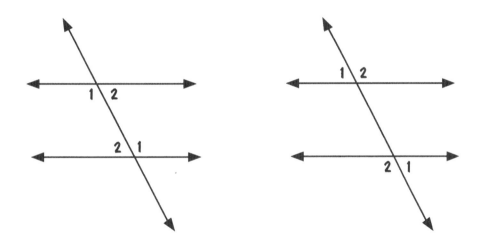

　　至於外錯角，也是一種交錯角，是指：位於截線兩側、但卻是在兩條平行線外側，而互相交錯的兩個角。上面右邊的圖裡，分別標示 1 與 2 的那兩對角，就是兩組外錯角。

　　我相信有很多同學看到這些數學名詞，像是交錯、內側、外側等等，會覺得「霧煞煞」，因爲他們總覺得數學名詞是相當不可理

喻的，與我們日常生活裡的用法也不一樣。但是很多時候，數學並不會太複雜，它的意義就和你第一眼所看到的一樣。

—— 　數學博士，於「數學論壇」

尋找數學定義

告訴你一個方法，或許你下次就不必為了找一個數學名詞的定義，花好幾個小時了。

1. 首先查一般字典，看看這個字在日常用語裡的意思；
2. 接著查百科全書類的字典，瞭解這個字的背景知識；
3. 再來查數學專有名詞的字典；或者上我們的網站（mathforum.org）；
4. 最後用 google 的搜尋引擎（google.com）。只要鍵入關鍵字，就可以在網路上找到相關數學名詞的定義了。

對頂角（vertical angles）

親愛的數學博士：

　　我不懂對頂角！我相信對頂角是相等的，對不對？我怎麼知道兩個角是不是對頂角呢？

　　敬祝　　大安

　　　　　　　　　　　　　　　　　　　　　　　　　　　　理昂

親愛的理昂：

　　找一張紙，在上面畫個角。我們暫且叫它角 1。

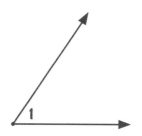

　　接下來找一把直尺，將角 1 的兩邊，沿著頂點的方向畫過去，變成兩條互相交叉的直線（請看下一頁）。你會得到一個新的角，叫角 2。角 1 與角 2 就是一組對頂角。因為它們在同一個頂點對面的位置。

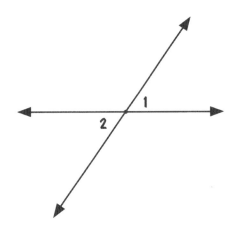

　　找一把很簡單的剪刀，把手沒有什麼花俏的彎曲。注意一下，當你打開剪刀的時候，剪刀兩枝刀刃張開的角度，和把手張開的角度是一樣的。這是另一個對頂角的例子。也可以明顯看出對頂角是全等（congruent）的，也就是它們的角度相等。

　　不過有一件很重要的事必須記住：雖然對頂角是全等的，但是全等的角卻未必是對頂角。兩個角之所以變成對頂角，純粹是位置的關係，而不是角的大小。例如，下圖裡的角 3 與角 4 是全等的，但卻不是一組對頂角。

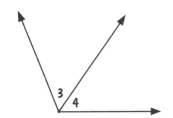

每當有兩條直線相交的時候，你就會看到兩組對頂角。如圖中，1 與 2 是一組對頂角，而 3 與 4 是另一組對頂角。

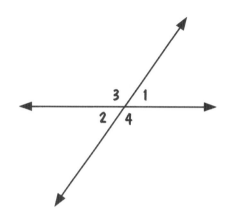

 —— 數學博士，於「數學論壇」

角的命名

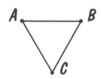

在這個圖裡，如果我們要談到哪個角，只需要提到它旁邊的英文字母就行了。

例如角 A 、角 B 與角 C 。但是如果我們再加上一點東西，情況就會變得很複雜，很難再用一個英文字母去表示一個角。例如這個圖：

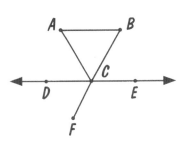

如果我們說到角 C ，指的究竟是哪個角？因此，數學家在提到角的時候，有一套清楚的辦法。他們用符號 $\angle$ 來代表角，然後用三個英文字母，來表示某個角，並且在圖上畫個弧線，來表示這個角的開口。例如 $\angle BCE$ ：

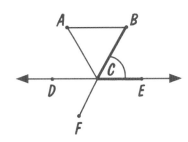

$\angle ACE$ ：

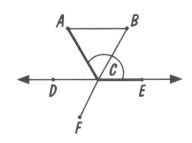

$\angle FCE$：

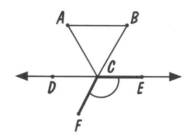

值得提醒的是，這個圖裡，有沒有$\angle DCE$呢？事實上，我們會用「線DE」或$\overleftrightarrow{DE}$的記號，來代替$\angle DCE$。因為我們要讓別人知道，線DE上的C點並沒有彎曲。

角的度量

親愛的數學博士：

　　我想知道怎麼使用量角器，來度量銳角、鈍角與優角。

　　敬祝　　大安

蘿倫

親愛的蘿倫：

　　你知道，量角器是度量紙上角度的工具。我手裡的這個量角

器，應該很常見，可能和你用的一樣。它是一塊半圓形的透明塑膠片，中間挖開一個大洞。量角器的直邊上有一條水平線，直邊的中央有個小圓圈，上面有一條短線與水平線垂直交叉，這交叉點讓你可以對準想要度量的角的頂點。

沿著半圓形的邊緣，畫滿了密密麻麻的刻度，告訴你某個角是多少度。在我的量角器上，有兩組數字標記，都是從0°到180°，但一組是順時鐘方向，另一組數字是逆時鐘方向。當然在半圓形的中央，這兩組數字會重疊，都是 90°。

度量銳角（小於 90°）的時候，首先把中央的小圓心放在想要測量的角的頂點上。再讓半圓上的水平線與角的一個邊完全重疊。然後看看角的另一邊從量角器的哪個數值上穿出來。

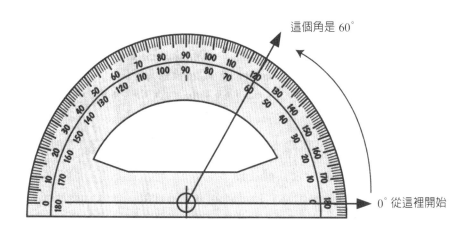

　　如果角的邊不夠長，或許你必須把這條邊的射線稍微延伸，才能碰到量角器上的刻度。

　　度量鈍角（指 90°到 180°之間的角）的時候，方法和量銳角是完全一樣的。

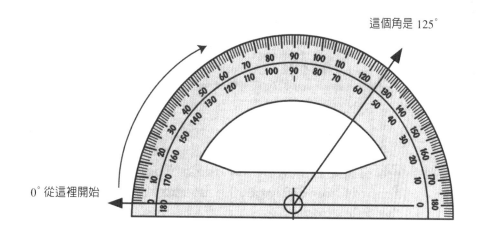

這個角是 125°

0°從這裡開始

　　有些量角器只有一排刻度，兩端都是零，而且只標示到中間的 90°。如果是用這種量角器，在量鈍角的時候，就需要先量出一個 0°到 90°之間的角度，再用減法得到最後的答案，也就是用 180°減去量出來的角，就對了。

　　例如在下一頁這個例子裡，量角器的讀數是 45°，因此這個鈍角就是 180°－ 45°＝ 135°。

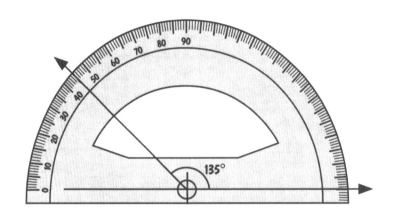

優角是銳角、鈍角或直角的外側角。

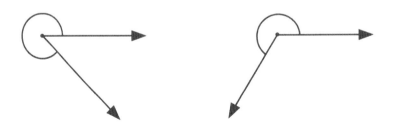

　　要度量優角,必須先量出量角器可以直接度量的內側角(也就是先量出銳角、鈍角或直角的角度),再用 360° 去減,就能得到優角的角度了。

例如，右圖是一個優角，而它的內側角是一個銳角。

由於這兩個角的和是 360°，你只要先量出銳角的角度，再用 360° 去減，就可以得到想要的優角角度了。

在這個例子裡，優角的角度是： 360° − 30° ＝ 330°。

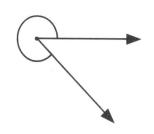

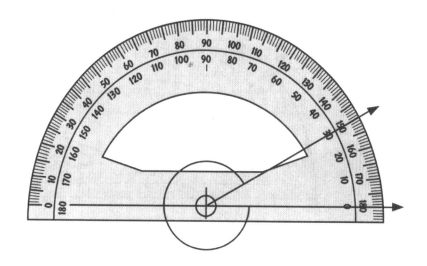

—— 數學博士，於「數學論壇」

圓的度數

親愛的數學博士：

　　我想知道為什麼一個圓周等於 360°。它有什麼特別的理由嗎？還是希臘人隨隨便便選用的。我認為它應該有個合理的解釋才對，只是我找不到。我不喜歡接受自己不瞭解的東西，這件事令我相當困擾。請幫忙！

　　　敬祝　　大安　　　　　　　　　　　　　　　　　　理昂

親愛的理昂：

　　一個圓是 360°，但它同時等於 400 梯度（gradient）或者 6.2831853 弧度（radian），完全看你是用什麼單位來度量你的角。

　　容我解釋一下，假定你覺得 360 是個討厭的數字，而你想要自己的圓周等於 100「什麼的」。你大可以把一個圓分成 100 等分，都從圓心畫出來刻度。然後你可以給這個新單位一個名字，我們就暫時說它是「蓋度」好了。反正隨便你蓋。這樣，你就定義出一種度量角度的新方法了，一百蓋度等於一個圓。

　　這個新發明的單位「蓋度」，類似於原來的「度」，只是「度」要小多了。它們都是角的度量，就像公分與英寸，都是長度的度量

單位。

　　古巴比倫人（並不是希臘人）決定：一個圓是 360 度，而 1 度有 60 角分。角分的「分」與時間單位的「分」用字一樣，但意義不同，不能弄混了。角分指的是 1/60 角度，可不是 1/60 小時。

　　1 角分還可以再細分成 60 角秒。角秒的「秒」也與時間單位的「秒」字相同，但代表的是 1/60 角分，可不是 1/60 分鐘。

　　法國人在很早就接受了這個制度，並且創出公制來。但英國人在 1900 年左右，決定另起爐灶。他們用不同的數字來分割圓，把一個圓分成 400 梯度。因此，一梯度的角略小於 1 度。

　　弧度又是什麼呢？那是數學家用來度量角度的單位。用這種單位來分割一個圓，在某些數學計算裡，問題會變得非常簡單。弧度的決定方式是這樣的：首先，以某個單位長度（假設是 1 公分）為半徑，畫一個圓。接著拿一條繩子來，在上面做記號，每個記號之間的長度正好等於圓半徑（也就是 1 公分），然後用這條繩子繞著圓周。接下來，數學家就問，圓周的長度等於多少單位的半徑呢（也就是等於多少弧度）？得到的答案大約是 6.2831853 單位。

　　數學家於是決定，圓周上，一個半徑長的圓弧所對應的圓心角，就叫一個弧度。這雖然很奇怪，但事情就是這樣。因此，一個圓大約是 6.2831853 個弧度。因此，弧度比「度」可大多了。而這些奇怪的小數點位數，只是近似值。它真正的值是 2π。π 是一個

很重要的數字，我們以後還會談到它。尤其對圓更是重要。

　　現在，你也許還很好奇，爲什麼巴比倫人會選擇 360 這個數字。這是因爲他們的數字系統，是 60 進位制。而我們的數字系統是 10 進位制，算是簡單得多。 10 是個不錯的數字，很容易計算數目，進位也很方便。但是巴比倫人卻喜歡 60 。

　　爲什麼他們喜歡 60 進位制，並沒有人知道。不過現代數學家卻同意， 60 也是個很棒的數字。因爲 $60 = 2×2×3×5$ ，而 $360 = 2×2×2×3×3×5$ 。你或許會問，這有什麼特別意義呢？

　　這個嘛，你會發現， 360 可以被 2, 3, 4, 5, 6, 8, 9, 10, 12, 15, 18 與 20 整除。很少像 360 這麼小的數，有這麼多因數的。因此， 360°很容易等分成許多不同的角度。三分之一就是 120°，四分之一就是 90°，五分之一就是就是 72°，六分之一就是 60°等等。

　　再來談談你的「蓋度」吧。一蓋度等於圓周的百分之一，看起來也不錯。但如果要把一塊披薩切成相等的三份，就有點困難了。我是說，誰會去點一塊 33 又 1/3 蓋度的披薩，這怎麼切得準呀？

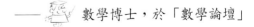

—— 　　數學博士，於「數學論壇」

3. 三角形

我們在上一節提到過，角有很多種。同樣的，三角形也有很多種，我們會慢慢的逐一介紹。我們也會談到它們之間有什麼不同。另外，我們也要說明畢氏定理，以及怎麼利用它來求出某些三角形的邊長。

三角形的種類

親愛的數學博士：

等腰三角形（isosceles triangle）與不等邊三角形（scalene triangle）有什麼不同？我老是記不得誰是誰。

敬祝　大安　　　　　　　　　　　　　　　　　蘿倫

親愛的蘿倫：

要想記住一個東西的名字，或其他任何事情，最好的辦法是想

想它名字的來源，或者與這件事有關的一些資訊。

　　例如， lateral 這個英文字，就是旁邊、側面的意思。因此，魚的側鰭就叫 lateral fins ，與背鰭 dorsal fins 不同。兩個國家之間的貿易，叫雙邊貿易： bilateral trade 。在美式足球賽裡， lateral 式的傳球就是側面傳球。把球傳到旁邊去，而不是丟向前方。

　　因此， equilateral 是等邊的意思。 equilateral triangle 就是等邊三角形，也就是說，三角形的三個邊都一樣長。（譯注：中文字、詞的構造方式與英文不同，很容易望文生義。這方面的困擾比較少。）

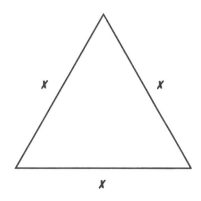

等邊三角形
（正三角形）

　　而這種三個邊一樣長的三角形，三個角的值也是一樣的。如果一個圖形，每個邊都一樣長，每個角也一樣大，我們就說它是一個「正」（regular）的圖形，例如正三角形、正方形、正五邊形……。

英文有個字首 iso-，是「相等」的意思。因此 isometric 運動就是一種肌肉等量收縮的運動。例如兩掌在胸前，互相用力的推或拉，就是這種運動。如果兩個東西的形狀相同，我們就說它們是同形物體，英文是 isomorphic。

而英文字的 sceles 是從希臘字 skelos 變來的，原意是「腿或腳」。因此 isosceles triangle 就是兩腳一樣長的三角形。我們通常把它翻譯成「等腰三角形」。等邊三角形表示它的三個邊一樣長，等腰三角形只有兩個邊一樣長，這兩個邊，我們稱它為三角形的腰。至於剩下的第三邊，則稱為「底」(base)。帥吧！

等腰三角形

最後說到 scalene 這個英文字，它也是希臘字變來的，原意是不平均或不一樣。因此，scalene 三角形我們就叫它「不等邊三角

形」。它的三個邊，沒有哪兩個是一樣長的。通常我的記法是這樣的，等邊三角形與等腰三角形望文生義，一看就知道了，剩下的不等邊三角形，就什麼都不是了。

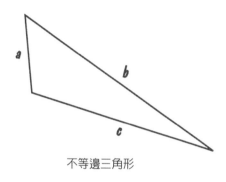

不等邊三角形

好！我們從這裡學到些什麼呢？

首先，如果你不知道一個英文字是什麼意思，又覺得它很難記，最好去查一下字典，把字的起源與來龍去脈搞清楚。這樣，它就不會顯得那麼雜亂無章了，應該比較容易記住。

其次，很多科學或數學上的名詞，都是由一些會拉丁文或希臘文的人創出來的。因此碰上這些字的時候，瞭解它的字源，記住相關的字首與字尾，那麼學起數學名詞或科學名詞來，就容易多了。

—— 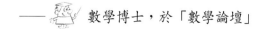 數學博士，於「數學論壇」

畢氏定理（Pythagorean theorem）

親愛的數學博士：

什麼是畢氏定理？

敬祝　　大安　　　　　　　　　　　　　　　理昂

親愛的理昂：

畢達哥拉斯（Pythagoras）是古代的希臘數學家，生在西元前 569 年左右，西元前 475 年過世。其實巴比倫人可能比他早一千年就已經知道這件事了，但第一個證明的人，卻是畢達哥拉斯。因此我們用他的名字做為定理的名稱。

畢氏定理處理的是直角三角形邊長之間的關係。任何三角形，如果其中有個角是直角（90°），就叫做直角三角形，如左圖所示。

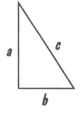

如果直角兩邊的邊長分別是 a 與 b，而第三邊的邊長是 c。畢氏定理說，$a^2 + b^2 = c^2$。也就是 $(a \cdot a) + (b \cdot b) = (c \cdot c)$。它讀做「$a$ 的平方加 b 的平方等於 c 的平方」，寫成：

$$a^2 + b^2 = c^2$$

平方與平方根

如果你用一個數字乘上它自己，例如 $a \cdot a$，我們說它是「一個數字的平方」，寫成 a^2。這種運算的相反過程，叫做「開一個數字的平方根」，簡稱「開方」。因此，開 a^2 的平方根，寫做 $\sqrt{a^2}$，它就等於 a。

平方根的運算符號 $\sqrt{}$，簡稱為根號。

有些整數，能符合畢氏定理的關係，例如 3、4、5 與 5、12、13。因此，如果你說有一個直角三角形，兩股（就是直角的兩條夾邊）長度為 3 與 4，就像右邊的圖一樣，我們就可以利用畢氏定理，求出斜邊的長度：

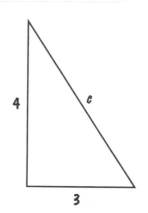

$$3^2 + 4^2 = 9 + 16 = 25$$

$$若 \ c^2 = 25 \ , \ c = \sqrt{25}$$

$$則 \ c = 5$$

—— 數學博士，於「數學論壇」

什麼時候用得上畢氏定理？

只要有直角三角形，就用得上畢氏定理，我們知道其中兩邊的長度，就
能求出第三邊來。

例如，有一天我在逛街的時候，走過一間家具店，發現有一個很漂亮的

電視櫃在特賣，物超所值，也正是我想添購的東西。電視櫃的擺放電視的空間，高是 17 英寸、寬是 21 英寸。我不想跑回家去量自己的舊電視機有多大，也不想把櫃子買回家之後，才發現它太小，電視擺不進去。我該怎麼辦？

我知道自己的電視螢光幕是 27 英寸。也知道所謂的 27 英寸，其實指的是對角線。為了知道這個電視櫃能不能擺得下 27 英寸螢光幕的電視，我計算了一下它的空間及對角線長度，用的就是畢氏定理：

$$17^2 + 21^2 = 289 + 441 = 730$$

因此，空間的對角線就是 730 的平方根，大約是 27.02 。

看起來比 27 英寸大些，我的電視似乎擺得進去。但不要忘了，所謂 27 英寸電視，指的是螢光幕的對角線。電視機還有外殼、喇叭與一些控制鈕，這會使電視機的對角線大了好幾英寸。所以我知道，自己家裡的舊電視絕對放不進眼前這個電視櫃。回到家之後，我量了一下電視機的尺寸，果然大一些，是 21 英寸高、27.5 英寸寬。還好沒有買。

在一些更高等的數學裡，也常用到畢氏定理。畢氏定理的應用，包括：計算平面上各點之間的距離；計算不同的幾何形狀的周長、表面積、體積等等；以及計算這些周長、表面積、體積的可能極大值與極小值。

特殊直角三角形

親愛的數學博士：

　　我有一些特殊直角三角形的問題，需要您的幫忙。譬如這一題，我標出 a 與 b 之後，就不知道再下來要怎麼辦了。

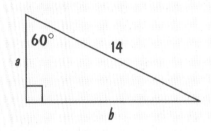

　　另外，還有 45 － 45 － 90 與 30 － 60 － 90 的直角三角形問題。您能不能一步步的提示我？謝謝您！

　　敬祝　　大安　　　　　　　　　　　　　　　　　　蘿倫

親愛的蘿倫：

　　謝謝你把問題描述得這麼詳細，讓我省了不少事。

　　直角三角形有兩種特殊形式。這是因為在這兩種直角三角形裡，兩股之間有很簡單的關係。首先我們談 45 － 45 － 90 這種直角三角形。

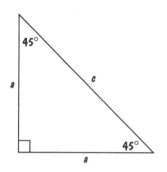

　　因爲它有兩個底角都是 45°，是相等的，因此，是個等腰三角形。也就是說，它的兩股（直角的兩夾邊）長度一樣。利用畢氏定理，你可以求出斜邊，也就是底的長度：

$$c^2 = a^2 + a^2 = 2a^2$$

$$c = \sqrt{2a^2} = a \cdot \sqrt{2}$$

　　因此，斜邊長度等於股長乘以 $\sqrt{2}$。

　　接著，我們來看這種 30 － 60 － 90 的直角三角形。首先我們必須知道的一件重要的事是，這種直角三角形，其實是半個等邊三角形，如次頁上方的圖。

　　也就是說，在 30° 角對面的邊長，等於斜邊長度的一半。因此，你同樣可以利用畢氏定理，求出第三邊的長度：

$$b = \sqrt{(2a)^2 - a^2} = \sqrt{4a^2 - a^2} = \sqrt{3a^2} = a \cdot \sqrt{3}$$

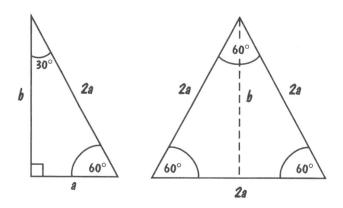

　　你的第一個問題是 30 － 60 － 90 的直角三角形，所以 *a* 的長度是 14 的一半，也就是 7（如果你覺得不明白，把這個三角形沿著 *b* 邊翻下來，就會得到一個等邊三角形，三個邊都是 14）。接下來，你可以利用畢氏定理來求第三邊的長，或是直接應用上面那個式子，把 7 乘以 $\sqrt{3}$ ，就得到 *b* 的答案了。

　　如果你願意的話，可以記住下列這些圖形：

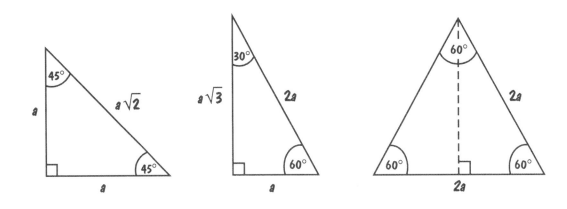

　　若是你還記不得哪個用 $\sqrt{2}$ ，哪個用 $\sqrt{3}$ ，試試下面這個辦法：
45 － 45 － 90 的直角三角形，有兩種不同長度的邊，因此用 $\sqrt{2}$ 。
至於 30 － 60 － 90 的直角三角形，三個邊的長度都不一樣，只好
用 $\sqrt{3}$ 啦。簡單吧！

—— 數學博士，於「數學論壇」

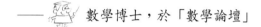

　　親愛的數學博士：

　　　　我們懷疑所有三角形的三個內角，加起來都是 180°。我們幾個
　　人累了半天，想證明老師是錯的。你覺得呢？

　　　　敬祝　　大安　　　　　　　　　　　　　　　　　　　　理昂

親愛的理昂：

　　你們的老師並沒有錯。有好幾種方法可以看出三角形的三個內
角，加起來等於 180°。我舉的第一個方法，只需要紙和筆。其他的
三種方法就正式得多了，你必須畫出一些圖形，再用到一些幾何學

的規則。後面這三種方法如果你一時沒有辦法弄懂，也沒有關係，不必擔心。我們以後還會更詳細的介紹。

1. 這裡有個簡單的方法，讓你看出三角形的三個角，加起來正好是 180°。請你在紙上畫一個三角形，用剪刀把三角形剪下來，然後把三個角撕開，再拼在一起，看看是不是正好成一條直線。這應該是屢試不爽的。

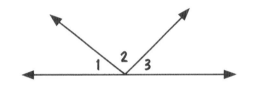

另外還有一個方法，與這個方法很類似。在紙上畫個三角形，使下面兩個底角都是銳角（如下圖的角 1 與角 3），至於角 2 是什麼角就沒有關係了。畫好之後，用剪刀把三角形剪下來，然後像下面的圖那樣，把三個角往內摺在一起。

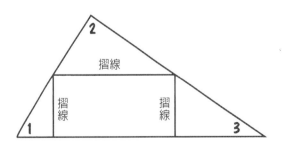

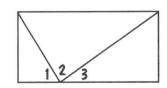

　　這裡有個小技巧，就是在摺之前，先把上面兩個邊的中心點找出來，摺起來就容易多了。你最後得到的，是個長方形，而三個角就像圖那樣湊在一起，加起來正好是一條直線，也就是 180°。

　　2. 假設 *ABC* 是個三角形。我們通過頂點 *C*，畫一條與底邊 *AB* 平行的平行線，在這裡用 *DE* 代表。因為線段 *BC* 橫截了兩條平行線，所以內錯角 $\angle BCE = \angle CBA$；同理，$\angle ACD = \angle CAB$。而 $\angle BCE + \angle BCA + \angle ACD = 180°$（是一條直線），因此，三角形的三個內角和是 180°。

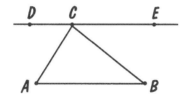

　　3. 假設 *ABC* 是個三角形，*A'* 是 *BC* 的中點，*B'* 是 *AC* 的中點，而 *C'* 是 *AB* 的中點：

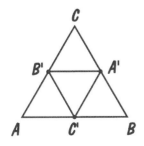

這樣，我們就會得到四個全等的小三角形 $A'B'C'$、 $AB'C'$、 $A'BC'$、 $A'B'C$ ，內角和都與大三角形 ABC 的內角和相同。利用平行線與截線的內錯角關係，我們知道每一條邊的中點上的三個夾角，都是每個三角形的三個內角。由於成一條直線，我們可以知道三個內角的和是 $180°$。

4. 假設 ABC 是個三角形，考慮下面這個圖：

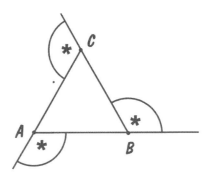

請注意，三個標著星號的角，加起來正好轉了一圈，也就是 $360°$。另外，你有沒有看到每個標著星號的角，加上一個三角形的內角，都構成一條直線？因此，三個三角形的內角，加上三個標著星號的角，總共是 $180° \times 3 = 540°$，而 $540° - 360° = 180°$。也就是三角形的三個內角，加起來等於 $180°$。

—— 數學博士，於「數學論壇」

4.　四邊形

　　所謂多邊形是由很多條線段爲邊緣，所構成的圖形。因此，四邊形（quadrilateral）就是有四條邊的圖形。還記不記得 lateral 這個英文字，它就是邊的意思。至於 quadri- 這個字首，則有「四」的意思。但是由四邊形這個字，我們只知道這種圖形會有四條邊（及四個角），並不知道其他的事情。因此我們在這一節裡，要介紹一些不同類型的四邊形。

七種四邊形

親愛的數學博士：

　　我很想知道四邊形的七種形式，請幫幫忙。

敬祝　　大安　　　　　　　　　　　　　　　　蘿倫

親愛的蘿倫：

　　你想要知道的，應該是下面這些東西：

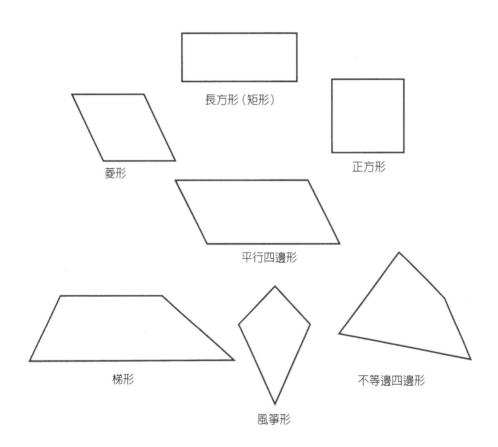

它們之中，有些事你應該知道：

1. 菱形（rhombus）是等邊的四邊形，四條邊一樣長。

2. 長方形（rectangle）又叫矩形，是等角的四邊形，四個角一樣

大，都是 90 度。

3. 正方形（square）既是等邊，又是等角。因此，它是一個正四邊形。每個正方形都是菱形（因為四個邊相等），也都是長方形（因為四個角相等）。

4. 平行四邊形（parallelogram）是個每一對邊都平行的四邊形。因此，菱形與長方形也是平行四邊形。正方形當然也是啦。

5. 梯形（trapezoid）常用的定義有兩種，彼此不太一樣。以前美國用的定義是「正好有一對邊平行的四邊形」。但英國人與現在的美國的定義，卻是「至少有一對邊平行的四邊形」。我們這本書是採行第二種定義。因此，所有的平行四邊形（包括菱形、長方形與正方形）都是梯形，因為它們都至少有一對邊是平行的。如果梯形是等腰的，那麼它不平行的兩邊會一樣長，兩個底角也一樣大。

6. 風箏形（kite）不一定會有平行的邊。它主要的特徵是有兩對一樣長度的鄰邊，也就是：相同長度的邊是接在一起的，而不是在對面。形狀很像我們小時候常到野外放上青天的風箏。但要注意，菱形與正方形也屬於某種特殊形狀的風箏形，它們也有兩對一樣長的鄰邊，而且這兩對鄰邊本身也一樣長。

就像梯形有兩種定義，風箏形也一樣。我們用的是上面所說的定義。但有人用的定義則要求，這兩對邊長彼此必須不一樣。按照這種定義，菱形、正方形就不再是風箏形了。

7. 不等邊四邊形（scalene quadrilateral）的四條邊都不一樣長，也不平行。

—— 數學博士，於「數學論壇」

四邊形的關係圖

親愛的數學博士：

　　我想找一個能清楚顯示各種四邊形（像梯形、平行四邊形、風箏形、菱形、長方形與正方形等）之間相對關係的圖。

　　正方形算是一種風箏形嗎？為什麼風箏形是這樣定義的：「至少有兩對相等的鄰邊，而沒有一邊用到兩次」？為什麼要「至少有兩對」？「沒有一邊用到兩次」又是什麼意思？

　　敬祝　　大安　　　　　　　　　　　　　　　　　　　理昂

親愛的理昂：

　　你提到的風箏形定義，有點奇怪。寫這個定義的人可能是想確定，你不會把三條連續的邊，算成兩對鄰邊，因此特別聲明，同一

條邊不能夠用兩次。我也很難想像他們為什麼不厭其煩的說明「至少有兩對」，因為我們一旦選了兩對，就把四邊形的所有邊都給用上了。沒有剩下什麼東西可以「至少」的啦。

　　或許他們是要確定把正方形包含在內。正方形可以有四對相等的鄰邊，看你要怎麼算它。其中有兩種不同的選法，都符合上面的定義。不管如何，正方形本來就符合我們為風箏形下的定義。（如果你在學校碰到風箏形，請檢查一下教科書，然後問問老師，看看他們對風箏形的定義是否一樣。因為在另一種定義裡，正方形並不屬於風箏形。）

　　現在，我們來處理你的另一個問題。下面就是各種不同四邊形之間的關係圖。

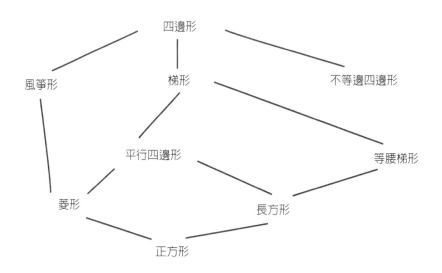

　　連接線代表的意義是：線條下端的東西是上端東西的子集合，或是特例。例如，長方形是一種平行四邊形，也是一種等腰梯形，當然也屬於梯形及四邊形；但長方形並不是菱形，當然也不是風箏形或不等邊四邊形。

　　把你的四邊形定義拿出來，看看這個圖對你有沒有什麼意義。這個圖能告訴你一些事情。

　　例如，有些四邊形是風箏形，有些是梯形，有些是不等邊四邊形。有些梯形是平行四邊形，有些是等腰梯形。既屬於平行四邊形又屬於等腰梯形的，就是長方形。同時屬於等腰梯形與菱形的，只有正方形。

　　不只是所有的長方形都是平行四邊形，而且平行四邊形的所有特性，在長方形上都成立。平行四邊形的兩項特性是，四邊形的對邊都是平行的，而且對角線互相平分。由於長方形與菱形都是平行四邊形，它們都會有兩對平行的對邊，對角線也互相平分。

　　要注意，我用的梯形定義是「至少有一對邊是平行的」。平行四邊形有兩對邊平行，當然也算是梯形。但有些數學書籍，對梯形的定義是「恰好有一對邊平行」。這麼一來，平行四邊形就不是梯形了。

—— 數學博士，於「數學論壇」

網路習題 *Math Forum*

讀者可從下列網站，學習到更多二維幾何圖形的觀念：

Math Forum: Ask Dr. Math: Point and Line

mathforum.org/library/drmath/view/55297.html

假設點沒有維度，而線是由一些點聚在一起所構成的，它是一維。

一些沒有維度的東西怎麼會產生出有維度的東西來呢？

Math Forum: Problems of the Week: School: Back Yard Trees

mathforum.org/midpow/solutions/solution.ehtml?puzzle=35

我家的院子裡有 9 棵樹，可以構成多少個四邊形？

Math Forum: Problems of the Week: Middle School: Picture-Perfect Geometry

mathforum.org/midpow/solutions/solution.ehtml?puzzle=97

畫出各種不同名稱的四邊形。

Math Forum: Problems of the Week: Middle School: Shapes Rock

mathforum.org/midpow/solutions/solution.ehtml?puzzle=93

一個四十邊的多邊形，有幾條對角線？

Math Forum: Sketchpad for Little Ones

mathforum.org/sketchpad/littleones/

為二年級到六年級學生設計的，介紹許多幾何學家的便條本，高年級學生也用得著才對。

Shodor Organization: Project Interactivate: Angles

shodor.org/interactivate/activities/angles/

銳角、鈍角、交錯角等的練習。

Shodor Organization: Project Interactivate: Triangle Explorer

shodor.org/interactivate/activities/triangle/

從網格上顯示的三角形，同學可學到如何計算三角形面積，以及笛卡兒座標系的知識。

Shodor Organization: Project Interactivate: Pythagorean Explorer

shodor.org/interactivate/activities/pyth2/

同學可以利用畢氏定理，找出直角三角形的邊長，再核對答案對不對。

第 2 部

二維幾何圖形的面積與周長

◎ 面積與周長　　◎ 面積的單位

◎ 平行四邊形及梯形的面積與周長

在平面上或二維空間的幾何裡，圖形最重要的特性就是面積與周長，也是你常需要處理的。周長是圖形外圍的長度，面積是包圍在周長裡的表面大小。周長是一維的，而面積都是二維的。（當你碰上三維幾何時，可能會談到體積，它的維度是三維。）

數學博士在這一部，要解說的是：

◎　面積與周長

◎　面積的單位

◎　平行四邊形與梯形的面積與周長

1.　面積與周長

我們已經談過基本的幾何圖形，現在，讓我們來看看它們的一些特質。當你知道了一個圖形有幾個邊之後，你第一個想問的問題是，圖形有多大？

度量圖形大小，有兩種很常見的做法，一個是面積，我們看這個圖形蓋住多大的表面。如果這個圖形是一張桌子，要多大的桌巾才能剛好蓋住它。

另一個圖形大小的度量就是周長——沿著圖形繞圈，共有多長的距離。如果這個圖形是一個蛋糕，需要灑多長的糖霜，才可以在它外圍繞上一圈？

面積與周長

親愛的數學博士：

　　我不懂什麼是面積，什麼是周長。你能不能舉一些例子，講

清楚些？

　　敬祝　　大安

蘿倫

親愛的蘿倫：

　　周長就是圖形周圍的總長度。考慮像這樣一個長方形：

周長 ＝ 3 ＋ 2 ＋ 3 ＋ 2 ＝ 10 公尺

　　度量長方形周長的一個方法是，從 A 走到 B（距離 3 公尺），再從 B 走到 C（距離 2 公尺），再由 C 走到 D（距離 3 公尺），最後由 D 走到 A（距離 2 公尺）。經過的總距離是 3 公尺＋ 2 公尺＋ 3 公尺＋ 2 公尺＝ 10 公尺。因此，這個長方形的周長就是 10 公尺。

　　面積就複雜一些了，因為它牽涉到兩個維度，不像周長只牽涉到一個維度。我每次想到面積，總是把它與需要多少顏料才能將一個圖形塗滿，給聯想在一起。如果一個圖形的面積，是另外一個圖形的 2 倍，我要填滿那個較大的圖形，用的顏料自然是較少圖形的 2 倍了。

在度量面積的時候，我們用的單位當然與度量周長所用的不同。度量周長時，用的是線性度量，就像量一條線一樣，用的是公尺或公分。至於量面積時，我們量的是一個二維的量，因此，我們用的是平方單位，像平方公尺或平方公分。1 平方公尺代表每邊長1 公尺的正方形的面積。

（當然，面積等於 1 平方公尺的圖形，倒並不一定都是每邊長度為 1 公尺的正方形。只是它的面積正好等於這種正方形的面積而已。）

長方形面積的計算，是等於長度乘上寬度：

面積 ＝ 3 × 2 ＝ 6 平方公尺

有件很重要的事情必須記住，就是兩個（或更多個）長方形的周長可能相等，但卻不一定有同樣的面積，例如右頁上方的兩個長方形：

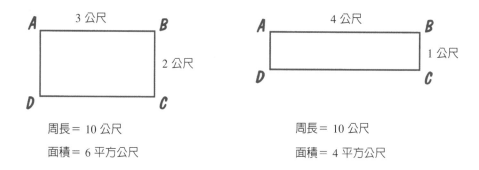

我們可以畫出更細、更扁的長方形，使高度非常接近零，這也會使得長方形的面積非常接近零。你知道，在又扁又長及又高又細的長方形之間，有許多不同形狀的長方形，周長都是一樣的，但是

事實上，針對同樣的周長，我們還可以畫一個非常細長的長方形，使面積接近零：

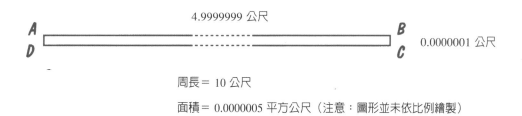

面積卻大得多。周長同樣是 10 公尺的長方形，1 × 4 的長方形，面積是 4；而 2 × 3 的長方形，面積卻是 6，等等。事實上，長與寬相同的圖形，也就是正方形，面積最大。

面積與周長還有另外一種關係。如果我們把每邊的長度加倍，則周長也會跟著加倍，但是面積的增加，卻多於兩倍。

我們再回到原先那個 3 × 2 的長方形的例子。如果把每個邊長都加倍，會得到：

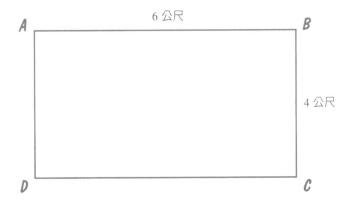

很多人對這種結果常表示不解，但只要畫個圖來說明，就非常清楚了。

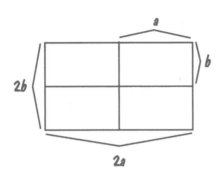

對長方形而言，如果每邊長都加倍，面積會是原來的 2 × 2 ＝ 4 倍，但周長仍只有 2 倍。

　　—— 數學博士，於「數學論壇」

面積會大於周長嗎？

親愛的數學博士：

　　一個圖形的面積，有可能大於周長嗎？

敬祝　　大安

理昂

親愛的理昂：

　　嚴格來說，面積與周長是無法比較的。有點像問 1 秒是不是大於 1 公分一樣。

　　這麼說吧，假設我有一個正方形，每邊長 1 公尺，它的面積就是 1 平方公尺，而周長是 4 公尺。因此，你認為周長的數字比較大，對不對？

　　但如果我們用不同的長度單位，來度量同一個正方形，情況就不同了：

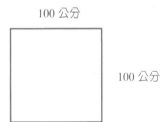

　　面積現在變成 100 公分× 100 公分＝ 10000 平方公分，而周長是 100 公分× 4 ＝ 400 公分。這麼一來，你反而覺得面積比較大了，對不對？

　　你之所以覺得哪個比較大、哪個比較小，純粹是數字本身大小的問題，並沒有注意到它的單位。當你注意一下單位，就知道面積與周長是不同的東西，它們是無法互相比較的。因此，你這個誰比

較大的問題是沒有意義的。

—— 數學博士，於「數學論壇」

長方形的面積與周長 (1)

親愛的數學博士：

　　我還是不瞭解，為什麼兩個周長相同的長方形，會有不同的面積。你能再說明白一點嗎？

敬祝　　大安　　　　　　　　　　　　　　　　　　蘿倫

親愛的蘿倫：

　　最近正好有人問了我一個相反的問題。因此，我們可以換一種方式來看這個問題。我們用 12 個每邊 1 公分的正方形，來排列出各種不同形狀的長方形，看看為什麼相同面積的圖形，可能會有不同的周長。

　　如果你把這 12 個正方形的周長都加起來，會得到總周長是 48 公分（12 個正方形，每個 4 公分）。如果我把它們排成一列，則每個正方形只用到兩個邊或三個邊當成周長，其他的邊就與鄰居共用

了。因此，數一數這一列正方形，它的周長應該是 26 公分。

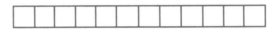

現在，假設我們把它排成兩列，每列是 6 個正方形，面積還是一樣，但周長卻變成 16 公分了。

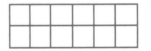

接著，我們把它排得更緊密些，排成一個 3 × 4 的長方形。面積還是不變，可是周長更少了，變成 14 公分。

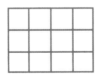

你有沒有注意到，在這個過程裡，究竟發生了什麼事？排出來的圖形愈接近正方形，則小正方形共用的邊，數目就愈多，因此對周長的貢獻就愈少，所以周長就愈來愈短了。

我們再回頭看看那個 1 × 12 的長方形。它內部的 11 條邊，每

一條都使周長損失 2 公分。因此，這個長方形的周長，就是 48 －
22 ＝ 26 公分。而這個長方形的高是 1 公分，寬度有 12 公分，周
長是 1 ＋ 12 ＋ 1 ＋ 12 ＝ 26 公分，答案是正確的。

在 2 × 6 的長方形裡，有 16 條內部的邊。因為更多的小正方形靠
在一起，要減掉的不是 22 ，而是 32 公分。 48 － 32 ＝ 16 公分，這個
答案也是正確的，我們驗算一下就知道了，2 ＋ 6 ＋ 2 ＋ 6 ＝ 16。

最後，在排成 3 × 4 的長方形時，有 17 條內部的邊，因此 48
－ 34 ＝ 14 ，而 3 ＋ 4 ＋ 3 ＋ 4 也是 14 公分，沒錯。

同樣的事情也發生在三維空間，而且它對某個重要問題的答案
有深遠的影響，那就是我們的身體要如何散熱。

如果我們把小正方形看成細胞的剖面，則扁平的形狀會使得每
個細胞都能接近身體表面，散熱不成問題。但是當形狀緊靠在一
起、接近大正方形時，很多細胞會被迫留在內部，散熱就成了大問
題。很厚重的東西，表面積相對比較小，散熱並不容易。這就是為
什麼大象的耳朵又大又薄，好方便散熱。而仙人掌很厚，使表面積
儘量減少，以保持水分。

現在我們來看看你的問題。和上面長篇大論所介紹的情形，正
好相反：為什麼相同周長的圖形會包圍不同的面積？

假設有個 1 × 7 的長方形，也排成一列：

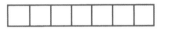

它的面積是 7 平方公分，周長是 16 公分。現在，有個 2×6 的長方形，周長還是 16 公分，但面積卻變成 12 平方公分：

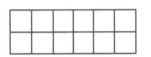

最外圈的小方塊邊長數目還是一樣的，但圖形所容納的小方塊數目，實際上是增加的。

我們還可以繼續舉例下去，但我想你已經知道基本的答案了。面積要度量的是圖形的內部，周長要度量的卻是圖形的外圍。只要改變圖形的尺寸，它的面積與周長都可能改變。如果你保持面積不變而改變尺寸，周長會跟著改變。如果你固定住周長，改變尺寸，面積也會跟著改變。

謝謝你的問題。思考這一類的事情是很有趣的。

—— 數學博士，於「數學論壇」

線的周長？

親愛的數學博士：

　　一條線會有周長嗎？我為什麼會問這個問題呢？事情是這樣的：在數學課裡，我們碰到這樣一個問題，就是周長為 36 公分的長方形，面積是可以改變的。我們畫了一個圖表，來追查相關的數字，我就想到，如果長方形的高度是零的話，那麼底就是 18 了。因為由圖上看，這是有意義的。

　　但是班上有個同學說我弄錯了。一條長度 18 公分的線，周長就是 18 公分，我如果要得到 36 公分的周長，就要有一條 36 公分的線。

　　我們兩個相持不下。請問，這件事該怎麼想才正確呢？

　　敬祝　　大安

　　　　　　　　　　　　　　　　　　　　　　　　　　　理昂

親愛的理昂：

　　我想你們可能把長度與周長的意義搞混了。如果一條線要有周長，那麼這條線必須要有個厚度才行。幾何上的線是沒有厚度的，因此，我們只能沿著它量長度，而不能繞著它量周長。

　　你們討論的其實是一個厚度非常接近零的長方形。如果厚度很

接近零，長度就非常接近 18 公分。那麼在繞著這個長方形時，你必須沿著一個邊，走了幾乎 18 公分，轉個彎，走接近零的距離，再轉個彎，又走接近 18 公分回來，再轉另一個彎，走近乎零的距離，這樣才算繞了一圈，回到起點。依我看，這樣的周長，就非常接近 36 公分了。

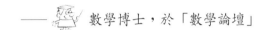

—— 數學博士，於「數學論壇」

長方形的面積與周長（2）

親愛的數學博士：

　　我們的數學課正在討論面積與周長的關係。老師給了我們一個問題，要我們證明它是對的還是錯的。我知道正確的答案是「錯」，但我說不出為什麼它是錯的。

　　問題是這樣的：我們有一個正方形，如果周長變大，那麼新的長方形面積是不是也會跟著變大？這種關係是不是永遠成立？試舉例說明之。

　　原先的正方形：P ＝ 12 公尺，A ＝ 9 平方公尺。

　　（在課堂裡，P 代表周長，A 代表面積。）

新的長方形（下方右邊的圖）：P ＝ 14 公尺，A ＝ 12 平方公尺。

雖然在這個例子裡，周長增加，面積也跟著增加。但我知道這種關係並不是永遠成立的。我在下面舉個例子，也是一個長方形。雖然周長增加了（P ＝ 14 公尺），但面積卻減少了（A ＝ 6 平方公尺）。因此，上面那個理論是錯的；或者至少不是永遠成立。

我知道怎麼解數學題，也會求周長與面積，但我不知道怎麼解釋，說它不對，又為什麼會不對。

敬祝　大安　　　　　　　　　　　　　蘿倫

親愛的蘿倫：

你是正確的。周長為 12 、面積為 9 的正方形，周長加大成長方形之後，面積不一定會變得更大。

　　在數學上，你只要舉出一件反例，就是所有條件都符合假設的條件、但結果卻不符合的例子，就算證明那個陳述不正確了。在這個例子裡，你已經舉了一個長方形的例子，它的周長大於 12，面積卻小於 9，就夠了。

　　你不必再進一步解釋為什麼這個陳述是錯的，因為「這裡有一個例子，可以說明它是錯的」，就足夠了。但我知道你想更進一步瞭解問題。如果你有更進一步的問題，儘管問，不必客氣。

　　有時候，問「為什麼」會引起很多不同的思考方向。一個真正的數學家永遠不會完全滿足的，永遠有新的方向需要探索。

—— 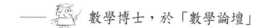 數學博士，於「數學論壇」

 為什麼正方形的面積最大？

親愛的數學博士：

　　我怎麼用 16 公尺的周長，做出面積大於 16 平方公尺的長方形？

　　敬祝　　大安

　　　　　　　　　　　　　　　　　　　　　　　　理昂

親愛的理昂：

　　是誰要你做這件事的？它是一項不可能的任務。一個面積為 16 平方公尺，周長也是 16 公尺的圖形，是每邊為 4 公尺的正方形。

　　假設我們要維持周長，但改變形狀。因此，我們在一邊減少 x，但另一邊增加 x，變成一個如下圖的長方形。

(4 − x) 公尺

(4 + x) 公尺

　　現在，這個長方形的周長還是 16 公尺。但是面積卻成為：

$$A = (4 - x)(4 + x)$$
$$= 4^2 - x^2$$
$$= 16 - x^2$$

　　因此，新圖形的面積是（$16 - x^2$）。如果 x 有任何改變，成為長方形，x^2 一定是大於零的值，長方形的面積一定比較小。

　　—— 數學博士，於「數學論壇」

找出周長

親愛的數學博士：

　　我碰到一個問題。我有 13 根相等的長方形，排列成下面的樣子，就是 2 根橫排在下，然後 11 根豎排在上，構成一個長方形。

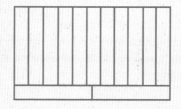

　　我該如何求出它的周長？

　　敬祝　　大安　　　　　　　　　　　　　　　　　　　理昂

親愛的理昂：

　　我舉一個規模比較小的例子，來說明它的關係。假設有 5 個全等的長方形，排成次頁上方的模樣，下面 2 個橫排，上面 3 個直排。由於 5 個小長方形是全等的，因此我們用 w、h 標出小長方形的寬與高。你能標示出其他的長方形嗎？

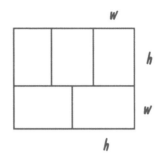

　　由這個圖形，我們知道三倍的寬度（$3w$）等於兩倍的高度（$2h$），你看得出來吧！因為我們知道它是一個長方形，所以上、下兩邊的長度是一樣的。上面的邊長是由三個 w 構成的，而下面的邊長則是兩個 h。

$$3w \ = 2h$$
$$(3/2)w \ = h$$

　　這個圖形的面積是多少？我們知道它的總寬度是 $3w$，而總高度是（$h + w$）。因此，面積是寬與高的乘積：

$$面積 = 3w\,(h + w)$$

　　但我們已經知道，$h = (3/2)w$，我們把面積裡的 h，用 $(3/2)w$ 來代替：

$$面積 = 3w\,[(3/2)w + w] = 3w\,[(5/2)w] = (15/2)w^2$$

　　因此，如果我們知道面積的大小，就可以把值代進去，求出寬度 w 來。知道了 w 之後，可以利用 w 與 h 的關係，求出 h 來。

　　你可以用同樣的方法，求出答案吧？

—— 數學博士，於「數學論壇」

長方形與因數（factor）

親愛的數學博士：

　　我想知道長方形與因數有什麼共同的關係，請您幫幫忙。

　　敬祝　　大安　　　　　　　　　　　　　　　　蘿倫

親愛的蘿倫：

　　這個問題的答案很簡單。但是它會引伸出很多相關的想法。因為長方形的面積是寬與高的乘積，因此，邊長必定是面積的因數。

　　如果你的長方形是用一些小方塊來排成的，問題會更清楚。假定我給你很多小正方形，要求你排出一個長方形，你必須決定，要排出什麼形狀的長方形來。並不是任何形狀都能排得出來的。譬如你有 14 個小正方形，而你想排出每邊有 5 個小正方形的長方形，你會發現，排不出這種長方形，它的第三列排不滿，缺 1 個。

□ □ □ □ □
□ □ □ □ □
□ □ □ □

　　因為 5 不是 14 的因數。如果你把 14 做因數分解，會得到 14

＝ 2×7 或 1×14 。因此，你只能排列出 2×7 、 7×2 、 1×14 、 14×1
這幾種長方形。

　　有趣的是，如果你有一個數字，它有許多因數分解的方法，那
麼可以排出來的長方形就多了。例如 36 ，它可以分解成： 1×36 、
2×18 、 3×12 、 4×9 、 6×6 、 9×4 、 12×3 、 18×2 與 36×1 。

　　玩玩這些長方形的排列，它能幫助你瞭解因數與倍數之間的關
係。

　　　　　　　　　　　　　　—— 數學博士，於「數學論壇」

三角形面積與長方形面積

親愛的數學博士：

為什麼求三角形面積的公式，與求正方形或長方形面積的公式不一樣呢？

敬祝　　大安

理昂

親愛的理昂：

我們在處理不同的問題時，經常使用不同的公式，這是很自然的事。因為我們要的答案不一樣，就必須有不一樣的過程去尋求答案。（或許你會發覺，差異還滿小的。）

我們還可以用圖形，做進一步的解釋。利用正方形或長方形，可以幫助我們瞭解問題。你把兩個相等的直角三角形，沿對角線顛倒排在一起，可以構成一個正方形或是長方形。當然，你已經知道怎麼計算正方形或長方形的面積了。

因為兩個相等的直角三角形，可以沿對角線排成一個正方形或長方形。所以這個正方形或長方形面積的一半，就是這個直角三角形的面積。因此，我們可以寫成下面這個公式：

$$A = \frac{1}{2} b \cdot h$$

式中的 b 是三角形的底，h 是高。

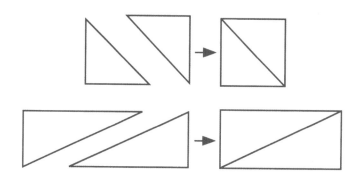

但是三角形並不是只有直角三角形呀！如果你碰到的不是直角三角形，那該怎麼辦呢？簡單，把它想成由直角三角形所構成的圖形，然後利用相同的做法，求出面積。例如下面這個例子：

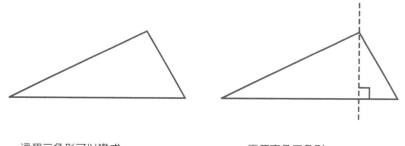

這個三角形可以變成⋯⋯　　　　　　兩個直角三角形。

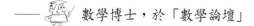　數學博士，於「數學論壇」

2. 面積的單位

計算面積與周長的時候，你會碰到度量單位的問題。把這些單位的觀念直接植入腦海裡，是很重要的。這樣你在處理相關問題時才不容易出錯，過程也會比較順利。

有的時候，這些東西可能會攪在一起，不太好弄明白，譬如 3 平方公尺是 3^2 公尺或 3 公尺 ^{2} ？

下面哪個面積比較大？是 π 公尺平方還是 10000 π 公分平方？這一節會幫你弄懂這些問題。

平方公尺（square meters）與公尺平方（meters square）

親愛的數學博士：

我有點搞混了。我的朋友說，一塊寬 3 公尺、長 4 公尺的長方形，面積是 12 公尺平方。我認為應該是 12 平方公尺。因為 12 公尺平方聽起來，好像是 12 公尺乘 12 公尺，像一個邊長 12 公尺的正方形，面積就成為 144 平方公尺了。誰對呢？

敬祝　　大安　　　　　　　　　　　　　　　　　　　理昂

親愛的理昂：

　　這個面積的寫法是 $12m^2$，但應該讀做「12 平方公尺」。平方公尺代表一種面積單位，不能讀成「12 公尺平方」。誠如你所擔心的，後面這種說法，的確非常容易讓人誤會它是（12m）^{2}，而不是 $12(m^2)$，也就是邊長 12 公尺的正方形面積。然而，$12(m^2)$ 實際的意思是 12 乘上 1 平方公尺，1 平方公尺是一種面積單位。

　　但在日常生活中，你會發現兩種說法都有人用。所以你必須分清楚，「12 平方公尺」指的是面積，「12 公尺平方」指的是「12 公尺乘以 12 公尺的正方形」或「12 公尺見方的正方形」。

—— 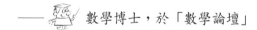 數學博士，於「數學論壇」

平方公尺與公尺平方的寫法

親愛的數學博士：

　　如果我有一個邊長 5 公尺的正方形，它的面積應該是 25 平方公尺。如果我有一個 25 公尺平方的正方形，那面積就是 25 公尺 × 25 公尺 = 625 平方公尺了。我要怎麼寫，才不會把這兩種情況搞混？

　　敬祝　　大安　　　　　　　　　　　　　　　　蘿倫

親愛的蘿倫：

當我們說「25 平方公尺」時，就寫成 $25m^2$，意思是 $25(m^2)$。依照數學運算的規約，先運算指數。所以平方運算只對單位有效。這與 25 公尺的平方不同——$(25m \times 25m) = 25^2m^2$，也就是 25^2 平方公尺，或 625 平方公尺。

想想這個式子： $5 + 3x^2$，你應該不會把最後一項解釋成 $(3x)^2$ 吧？這也是同樣的道理。

為了避免混淆，你在標示指數的時候，要特別當心。如果你把它放在數量上，它就代表這個數量的平方，與單位沒有關係。如果你把它放在單位上，表示是單位的平方，與數量也沒有關係。如果兩個都要平方，應該使用括號把它們括起來，表示指數的運算是一體適用的。看看下面的例子：

$25^2m = (25 \cdot 25)m$，即 625 公尺，這是長度的度量。

$25m^2 = (25)(m \cdot m)$，即 25 平方公尺，這是邊長 5 公尺的正方形的面積。

$(25m)^2 = (25 \times 25)(m \cdot m)$，即 625 平方公尺，這是邊長 25 公尺的正方形的面積。

—— 數學博士，於「數學論壇」

面積單位換算

親愛的數學博士：

我如何把 47,224 平方英里轉換成公里？

敬祝　　大安

理昂

親愛的理昂：

嚴格來說，這是不可能的。因為平方英里是面積單位，而公里是長度單位。它們所度量的，是不一樣的東西。

或者你的意思，是把平方英里轉換成平方公里？這倒是辦得到的。我告訴你不同的單位要如何換算，然後你可以用我所教的方法，解決自己的問題。

假設我有一個正方形，每邊 2 英寸，總面積就是 4 平方英寸。

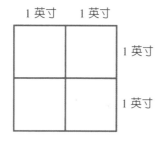

我也知道 1 英寸（in）等於 2.54 公分（cm）。因此，我可以把同一塊圖形用不同的長度單位來標示邊長，就變成：

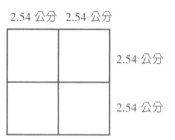

因此，若改用平方公分來表示面積，就成為：

$$(2.54 + 2.54)(2.54 + 2.54) = (2 \times 2.54)(2 \times 2.54)$$

如果我們更仔細分析，就會知道它到底是怎麼回事了。

$4 \text{ in}^2 = (2 \text{ in})(2 \text{ in})$ 方形面積的公式

$= (2 \text{ in} \cdot 2.54\text{cm} / 1 \text{ in})(2 \text{ in} \cdot 2.54\text{cm} / \text{in})$ 換算因子：1 in = 2.54cm

$= (2 \text{ in})(2 \text{ in})(2.54\text{cm} / 1 \text{ in})(2.54\text{cm} / 1 \text{ in})$ 乘法交換律，改變位置

$= 4 \text{ in}^2(2.54\text{cm} / 1 \text{ in})(2.54\text{cm} / 1 \text{ in})$ 把(2 in)相乘起來

$= 4 \text{ in}^2 \cdot 6.4516 \text{ cm}^2 / \text{in}^2$ 把其他分數相乘

$= 25.8064 \text{ cm}^2$ in^2 互相抵消，只剩下 cm^2

因此，要做單位的換算，我必須乘上一個換算因子。

再舉個分數的例子，假設我要把 21 單位的甲，換成乙，而我知道 17 單位的甲等於 35 單位的乙，換算過程是這樣的：

$$21 \text{ 甲} \cdot (35 \text{ 乙} / 17 \text{ 甲}) = 21 \cdot \frac{35}{17} \text{ 乙}$$

但是對於面積單位的轉換，必須把長度的換算因子再乘一次，得到平方值。以相同的甲與乙為例：

$$21 \text{ (甲)}^2 (35 \text{ 乙} / 17 \text{ 甲})^2 = 21 (35 / 17)^2 \text{ (乙)}^2$$

至於英里與公里的換算因子是 1 英里 = 1.609 公里。你應該算得出來吧？

—— 數學博士，於「數學論壇」

單位換算

假設你知道一隻蝸牛爬得很慢，漫步一整天，只走了幾公分而已。而你想要知道，這個速率相當於每小時走多少公里。你可以將蝸牛的速率，乘上任何等於 1 的分數，達到單位換算的目的。

舉例來說，「100 公分／1 公尺」這個分數就等於 1，因為 1 公尺是 100 公分。「60 分／1 小時」這個分數也是 1，因為 1 小時就是 60 分鐘。因此，假設蝸牛的速率是 35 公分／日，要把它轉換成公里／小時，我必須乘上一串都等於 1 的換算因子：

（35 公分 / 1 日）（1 公尺 / 100 公分）（1 公里 / 1000 公尺）（1 日 / 24 小時）
＝ 0.00001458 公里／小時

如果你把每個換算因子都寫成正式的分數形式，你會發現，除了答案所需的分子的單位與分母的單位之外，其他的單位都給抵消掉了。換句話說，單位就像分子與分母的公因數一樣，也可以互相抵消掉。

3. 平行四邊形及梯形的面積與周長

在第 2 部第 1 節〈面積與周長〉裡，我們已經談過正方形、長方形及三角形的周長與面積要怎麼計算。

在這一節裡，我們要來談談如何計算平行四邊形及梯形的周長與面積。你從右頁上方的兩張圖裡，有沒有發現它們與第 1 節提到的方法的關係？

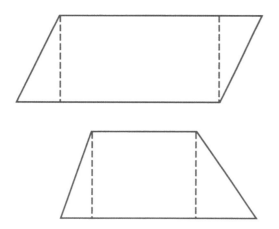

求平行四邊形的面積與周長

親愛的數學博士：

關於圖形的周長與面積，我有些困惑。我知道周長是相加的，面積是相乘的，老師也這麼說。我會算長方形與正方形。但對於梯形、三角形這些看起來亂七八糟的形狀，就不知道該怎麼算了。我們有一道題目，是一個平行四邊形，它上下兩個邊的長度都是 27 公分，左右兩個邊的長度是 13 公分，而裡面有一條垂直線，長度是 12 公分。我算出來的面積是 240 平方公分，但老師的正確答案卻是 324 平方公分。您能幫忙嗎？

敬祝　大安

蘿倫

親愛的蘿倫：

如果你記得，一個圖形的周長，就是把它所有的邊長加起來，不管這條邊是直的還是斜的，問題就簡單多了。在計算這一題的周長時，圖形內部那個 12 公分的數字沒有什麼用處，它只是內部某兩點之間的距離，並不是一條最外面的邊。我們只要把兩條 13 公分的邊，與兩條 27 公分的邊長加起來，得到的 80 公分，就是平行四邊形的周長了。

面積就稍微困難一些。因為不同的圖形，計算面積的公式也不一樣。你必須選對適合這種圖形的面積公式，而且瞭解公式裡每一個「量」的意義。

在你舉的這個平行四邊形的例子裡，很顯然，你是套用了計算梯形面積的公式。這個公式是：

$$梯形面積 = （上底＋下底）／ 2 \cdot 高度$$

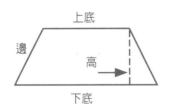

你是不是這樣套用的：（27 ＋ 13）／ 2 × 12 ＝ 240，才會

冒出 240 這個答案？你在計算平行四邊形的面積時，套用了這個梯
形面積的公式，其實不算是套錯了公式，因為平行四邊形是一種特
殊形式的梯形，只是上底與下底正好一樣長而已。

　　關鍵在於，套用這個梯形面積公式時，你一定要確定，所謂上
底與下底，是指互相平行的邊長。但是你犯了最關鍵的錯誤──你
套入公式的是兩個邊長，而不是上底與下底（都是 27 公分）。

　　計算平行四邊形面積的公式是這樣的：

$$平行四邊形面積 ＝ 底 \times 高$$

　　這個公式也適用於長方形與正方形，因為長方形與正方形都是
特殊形式的平行四邊形。不過在處理平行四邊形的時候，要特別注
意，不要把高度與側邊長度搞混了。至於長方形與正方形，側邊的
長度就等於高度。但是大部分的平行四邊形，這兩個長度是不一樣
的。

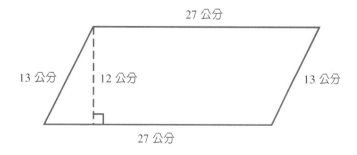

你該怎麼正確計算呢？首先，它的底是 27 公分。而你說的，「裡面有一條 12 公分長的垂直線」，這就是這個平行四邊形的高度。所謂高度，是兩條平行線之間的距離，我們通常畫一條垂直於底邊的線來代表它。接下來，利用平行四邊形面積公式：

$$平行四邊形的面積 = 底 \times 高$$
$$= 27 \text{ cm} \times 12 \text{ cm} = 324 \text{ cm}^2$$

請記住，面積的單位是平方公分，而不只是公分。

因此，我在這裡再提醒你一下，有幾項重要的事你必須牢記：

(1) 使用適合圖形的正確公式。你必須先知道各種圖形的定義，懂得區分，如平行四邊形、梯形等等。

(2) 知道公式裡每一項的定義，如底、高等等，不要套錯數字。

(3) 不要讓圖形裡不需要的數字給迷惑了。例如在計算平行四邊形的面積時，不必用到它側邊的邊長。只有計算周長時，才需要它（除非你要利用它來計算高度，這又是另外一個問題了）。

—— 數學博士，於「數學論壇」

底或寬？

親愛的數學博士：

　　請問長乘寬與底乘高有什麼不同？在我看來，根本就是同一回事，只是度量的圖形稍微轉動了一下而已。

　　為什麼必須使用不同的公式，來計算平行四邊形與長方形的面積呢？

　　敬祝　　大安

　　　　　　　　　　　　　　　　　　　　　　　　　　　　理昂

親愛的理昂：

　　的確有很多不同的名稱，指同樣的一件事情。之所以會用不同的名稱，是要提醒你，其中有一些很重要的細節。

　　我們通常使用長（l）與寬（w）來說明一個長方形的尺寸。

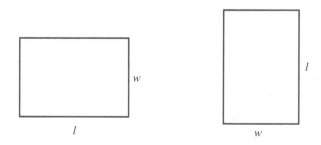

　　通長我們稱較長的邊為長，較短的邊為寬。但不管誰叫長、誰叫寬，只要在同一個問題裡，你的用法前後一致，就沒有問題。長方形的面積，就是長與寬這兩個值的乘積。不管你叫它什麼都行。

　　至於底（b）與高（h）這兩個名詞，通常是用於三角形、平行四邊形與梯形。有一件很重要的事情必須記住，就是雖然底仍是圖形上的一條邊長，但高已經不是圖形上的任何一條邊長了。

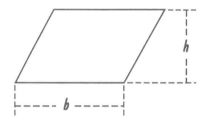

　　高是圖形的底邊與頂邊之間的距離，必須與它們垂直。底是圖形最下面那個邊的長度。如果你說成「寬度」，有人可能會誤會成「左端到右端」的最大距離，那就不一定是底了。

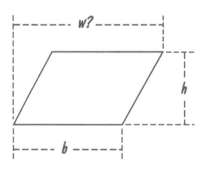

　　但是就一個長方形來說（它畢竟也是一種平行四邊形），它的
寬並不會混淆。寬與底是一樣的。因此，你可以說長方形的面積是
底乘高，或寬乘高。

　　這就是我們使用不同名詞的原因。懂了吧？如果你仔細思考，
就會瞭解，只要利用平行四邊形的面積公式，就能求出長方形與正
方形的面積，可以說是一魚三吃。不賴吧！

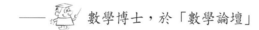

────　數學博士，於「數學論壇」

平行四邊形或梯形的高

親愛的數學博士：

　　您能再說明一下，平行四邊形或梯形的高度嗎？

敬祝　　大安　　　　　　　　　　　　　　　　　　　蘿倫

親愛的蘿倫：

　　平行四邊形或梯形，每個都有一對平行的邊（平行四邊形的兩
對邊都互相平行）。選出其中的一個邊當做底，則所謂的高度就是

兩條平行線之間的距離。

　　而所謂兩條平行線之間的距離，是一條線段的長度。這條線段的兩個端點，分別在一條平行線上，而且這條線段與兩條平行線都垂直。其實平面上的任何一條線，如果與其中的一條平行線垂直，一定也與另一條平行線垂直。而且這條代表兩平行線之間的距離的線段，不論放在哪裡，長度都是一樣的。也就是說，沿著平行線上的任一點，兩條平行線之間的距離都是一樣的。

　　有時候在你的圖形裡，沒有辦法畫出一條這樣的高來。也就是說，垂直於底邊上的任何一條線，都碰不到另外那條平行邊。該怎麼辦呢？

　　這沒有什麼問題。我們度量的，是兩條線之間的距離，而不是構成圖形的那兩條邊（線段）之間的距離。所以你可以延伸線段所在的直線，直到它碰到那條垂直於另一條邊的線段，如下圖，就可以得到兩條平行線之間的距離了。

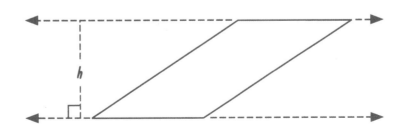

　　平行四邊形的面積，等於底的長度，乘上高度。至於梯形的面積，則是下底（b）與上底（a）的平均值，乘上高度（h）：

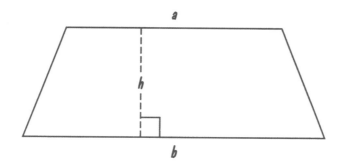

　　在平行四邊形裡，你可以選擇任何一對平行的邊當底，就決定出垂直於這個底的高度了。不管選哪一邊當底，面積都是一樣的。

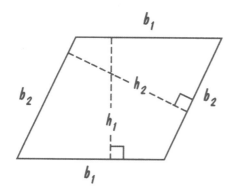

$$面積 = b_1 \cdot h_1 = b_2 \cdot h_2$$

—— 數學博士，於「數學論壇」

梯形的面積

親愛的數學博士：

　　我們數學老師出了一道題目，要我們導出梯形面積的公式，而不只是從數學課本裡，把公式抄出來。您能幫忙起個頭嗎？

　　敬祝　　大安　　　　　　　　　　　　　　　　　　理昂

親愛的理昂：

　　沒問題。你先畫個梯形，就是那種最常見的梯形就可以了，不要把它畫成平行四邊形。梯形有兩條平行的邊，但不一樣長，也有兩條不一樣長的不平行邊。（有一種梯形叫做等腰梯形，它的兩條不平行邊是一樣長的。這是特殊的情形。）

　　現在，我們就來看看這個梯形。首先，把它平行的兩邊擺放成成水平，讓比較長的那個邊在下面。

　　再把左上角的頂點標上 A ，右上角的頂點標上 B ，右下角是 C ，左下角是 D 。我們的梯形就標示完成了。

　　為了計算這個梯形的面積，我們還必須知道一些東西：(1)線段 AB 的長度；(2)線段 DC 的長度；(3)這個梯形的高，或是底角的角

度與它斜邊的長度（從這兩個值可以求出高）。

　　再看看你的梯形，從 A 點畫一條垂直於 DC 的線。這條垂直線與 DC 交於 E 點。然後從 B 點也畫一條垂直於 DC 的線，這條線與 DC 交於 F 點。你還跟得上我吧？現在，你有了一個長方形與兩個直角三角形，如圖所示。

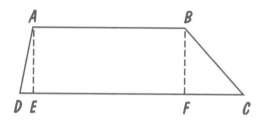

　　由於我們知道，AB 與 DC 是一對平行線，而且 AE 與 BF 垂直於 DC，因此我們知道下面幾件事：

AB ＝ EF　　　　　　　　（因為 ABFE 是個長方形）

△ DAE 是個直角三角形　　（因為 ∠ AED 是個直角）

△ BCF 是個直角三角形　　（因為 ∠ BFC 是個直角）

（注意喔！注意！若不是等腰梯形，該怎麼辦？請留心下面的解答過程，舉一反三。）

　　因此，梯形的面積就等於長方形的面積，加上旁邊兩個三角形

的面積。

假設我們的梯形，$AB = 5$，$DC = 9$，高（AE 或 BF）= 3，而且我們先假設它是個等腰梯形，也就是 $AD = BC$。你可以把這些數字標在圖上，比較容易瞭解。

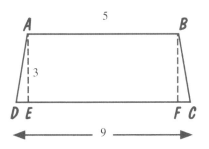

我們已經知道 $AB = EF$，因為這是個長方形，所以都是 5。而我們知道高度是 3，這是已知的數值。因此，長方形的面積就是底乘高，$5 \times 3 = 15$。

因為這是個等腰梯形，我們知道旁邊的兩個三角形大小完全一樣，面積也一樣。也就是說，它們是全等的三角形。如果你從紙上剪下兩個全等三角形，可以把它們重疊在一起看看，它們會完全重合。因此，$DE = FC$。

由於我們知道 $EF = 5$，而 $DC = 9$，因此 DE 與 FC 都是（$DC - EF$）的一半，也就是，$DE = FC = 2$。

直角三角形的面積，是底乘高的一半。我們知道底是 2，高是

3，因此每個三角形的面積是 2 × 3 × 1/2 = 3。而我們有兩個這種三角形，所以整個梯形的面積是長方形加上兩個直角三角形，也就是 15 + 3 + 3 = 21。

如果我要爲等腰梯形的面積做一條通用的公式，我會這樣做：

面積 = 長方形 + 三角形 + 三角形

面積 = 底 · 高 + 1/2 底$_1$ · 高 + 1/2 底$_2$ · 高

因此，舉例來說：

$$面積 = AB \cdot AE + \frac{1}{2}\left[\frac{1}{2}(DC - AB)\right] \cdot AE + \frac{1}{2}\left[\frac{1}{2}(DC - AB)\right] \cdot AE$$

$$面積 = AB \cdot AE + \frac{1}{2}(DC - AB) \cdot AE$$

$$面積 = AE \cdot \left[AB + \frac{1}{2}(DC - AB)\right]$$

$$面積 = AE \cdot \left(AB + \frac{1}{2}DC - \frac{1}{2} \cdot AB\right)$$

$$面積 = AE \cdot \left(\frac{1}{2} \cdot AB + \frac{1}{2} \cdot DC\right)$$

$$面積 = \frac{1}{2} \cdot AE \cdot (AB + DC)$$

這不就是「上底加下底」乘以高、除以 2 的梯形面積公式嘛，你可以用 $AE = 3$、$AB = 5$、$DC = 9$ 代進去檢查看看，面積是不是還是等於 21 ？

── 數學博士，於「數學論壇」

梯形：面積公式的視覺證明

親愛的數學博士：

　　梯形面積的公式是，兩條平行邊長度和的一半，乘上高度。我如何用視覺可見的方式來證明它呢？

　　我知道在平行四邊形裡，你可以把一邊的三角形切下來，補到另一邊去，這樣就會變成一個長方形了。因此，面積公式「面積＝底×高」是成立的。用同樣的方法，可以證明梯形的面積公式嗎？

　　敬祝　　大安

蘿倫

親愛的蘿倫：

　　假設有這樣一個梯形，上底是 a，下底是 b，高是 h：

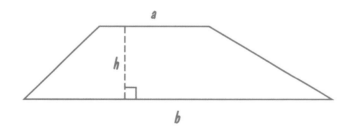

　　如果我們把兩條側邊的中點，用一條線段連起來，我們會得到

一條線段，長度正好是上底 a 加下底 b 總長的一半。因此，長度等於 $(a + b)／2$ 。我們也可以從兩個中點，各畫一條垂直於底邊的線段，如下圖所示，會得到兩個小的直角三角形。

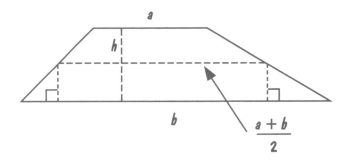

如果剪開這兩條垂直線段，把左右兩個直角三角形切開，再各以兩個側邊的中點為固定點，把直角三角形旋轉上去，直到它們的斜邊與梯形的側邊密合。我們最後就得到一個長方形，如下圖。

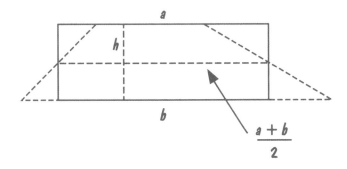

如果你仔細看，會發現這個長方形的長度是 $(a + b) / 2$ ，高是 h ，因此面積是：

$$長方形面積 = (a + b) / 2 \cdot h$$

也就是我們學到的梯形面積的公式。

—— 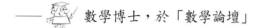 數學博士，於「數學論壇」

網 路 習 題　　　　　　　Math Forum

讀者可從下列網站，學習到更多周長與面積的觀念：

Math Forum: An Informal Investigation of Area

mathforum.org/workshops/sum98/participants/muenster/

帶你一步驟一步驟的探索不規則形狀的面積。

Math Forum: The Area of a Parallelogram

mathforum.org/te/exchange/hosted/basden/llgramarea.html

同學可學習如何計算平行四邊形的面積。

Math Forum: What is Area?

mathforum.org/alejandre/frisbie/student.one.inch.tiles.html

利用美國加州文杜拉（Ventura）教育體系設計的簡單數學軟體，

讓學生共同合作，比較各種圖形的面積與周長。

Shodor Organization: Project Interactivate: Area Explorer

shodor.org/interactivate/activities/perm/

同學可以設定網格圖形的周長，然後試著計算出圖形的面積。

Shodor Organization: Project Interactivate: Perimeter Explorer

shodor.org/interactivate/activities/permarea/

同學可以設定網格圖形的面積，然後試著計算出圖形的周長。

Shodor Organization: Project Interactivate: Shape Explorer

shodor.org/interactivate/activities/perimeter/

同學可以設定網格的多寡，再試著算出網格圖形的面積與周長。

Shodor Organization: Project Interactivate: Triangle Explorer

shodor.org/interactivate/activities/triangle/

從網格上顯示的三角形，同學可學到如何計算三角形面積，以及笛卡兒座標系的知識。

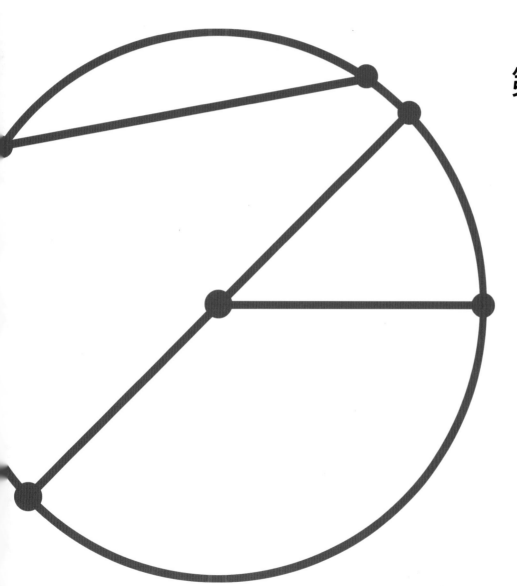

第 3 部

圓與 π

◎ 圓周率與圓的度量

　　在這本書裡，圓的主題單獨成為一部。因為圓與多邊形有重大的不同：多邊形的邊，是很多條直線，但圓的邊卻是一整條的曲線。你的多邊形，如果邊數愈多，愈有可能看起來像圓。但它的每條邊還是直的。在圓上，你不能加一條邊或減一條邊。如果這麼做，這個圖形就不再是圓了。

　　我們通常使用不一樣的公式分別度量圓與多邊形。因此，數學博士特別寫了這一部。在度量圓的時候，必須瞭解一個特別的數字，叫做圓周率，一般稱它為 π，我們也在這裡介紹。

　　在這一部裡，數學博士將介紹：

◎　圓周率與圓的度量。

1.　圓周率與圓的度量

　　瞭解圓最簡單的方法，就是畫個圓。請任意找兩個點，設定其中的一點為圓心，這兩點之間的距離就是半徑（radius）。圓是指平面上所有與圓心的距離等於半徑的點。

　　畫圓要用到圓規。請把圓規打開，讓其中一隻腳固定在圓心，另一隻腳落在另外一點上，這隻腳的鉛筆在紙上畫出來的圖形，就是圓。

我們可以在圓上任選兩點，然後用一條線段把這兩個點連接起來，就構成圓上的弦（chord）。如果這條弦通過圓心，我們給它一個特殊的名字，叫做直徑（diameter）；直徑也是一種弦，就像正方形

也是一種特殊的長方形一樣。

　　請注意，半徑與直徑的用法有兩種。所謂半徑是從一個圓的圓心，到圓上任一點的線段。因此，一個圓可以有很多、很多條半徑。但是這種線段的長度，卻只有一個，就是半徑值，簡稱半徑。所以當你碰到「半徑」的時候，要搞清楚它是指某一條線段，還是一個長度，這兩者是稍有不同的。

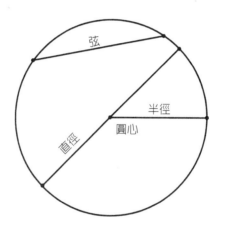

　　同樣的，圓上的一條通過圓心的弦，就是它的一條直徑。而這條直徑的長度也是一個固定的度量值，即直徑。當你碰到「直徑」的時候，也要注意一下，這「直徑」指的是一條線段還是長度。

　　我們在早先的章節裡曾經提到，一個多邊形有兩項重要的度量值，就是周長與面積。在圓的圖形上，我們要談的還是同樣的兩種東西。

在圓上,面積還是叫面積,名字沒有改變;但是周長卻另外有一個名稱,叫圓周(circumference),以別於多邊形的周長。

所謂圓周,是繞著圓走一圈的距離,就像多邊形的周長一樣,也是以長度的單位來度量的,例如公分、公尺、英尺、英寸。至於圓面積的度量,用的也是平方單位,例如平方公分、平方公尺、平方英尺、平方英寸。圓面積指的是圍在圓周裡的大小。

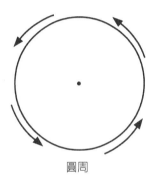

圓周

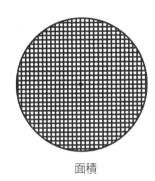

面積

找出圓周

親愛的數學博士:

我不知道該如何計算一個圓的圓周。請教教我。

敬祝　　大安

蘿倫

親愛的蘿倫：

　　所謂圓周，就是圍繞著一個圓的距離，如果你知道，或是能算出另一個叫做「半徑」的長度，就可以計算出圓周。

　　這是一個圓的圖形：

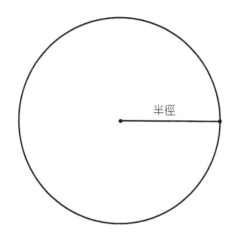

半徑

　　你看到中心的那個點沒有？那就是所謂的圓心。如果你用一條線段，把圓心與圓上的任何一點連接起來，就會得到一條半徑。無論圓上的這一點在什麼位置，半徑線段的長度都是固定的。半徑可以是無限多條，但它們的長度都是一樣的。也就是說，半徑值只有一個。

　　另外還有一條特殊的直線與圓有關，數學家稱它為直徑。直徑是一條通過圓心、而兩端都在圓上面的線段。

　　直徑看起來就像這個樣子：

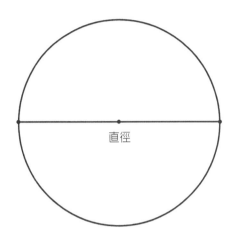

如果你仔細觀察，會發現在一條直徑上，其實有兩條半徑。它們的一個端點都是在圓心上，而另外一個端點，則分別在圓的對面上。因此，直徑的長度是半徑長度的 2 倍。

現在，圓周是什麼呢？就是繞著圓的那條曲線。如果你在圓上的某一點，把這條曲線切開，然後把它拉直。你得到的這條直線的長度，就是圓周長度。

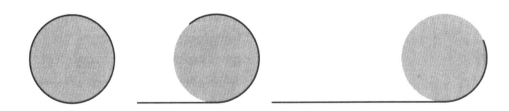

　　後來大家發現，圓有個非常奇怪的特性。如果你拿任何一個圓的直徑（不管圓的大小如何），去度量圓周，會發現圓周對直徑的比率（或倍數）都是一樣的。你們可以實際去度量不同大小的圓，試試看。這個倍數大約是 3 倍多一點點，也就是說，圓周比直徑的 3 倍再多一點點。

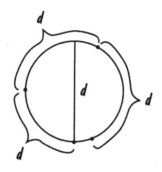

　　用數學的說法，就是對所有的圓而言，圓周與直徑的比率是一個常數，也就是一個固定不變的數字。在數學上，這個常數非常有名，經常會在定理或方程式中不預期的出現。連幾千年前的埃及人都知道它的存在（他們說，這個常數是 22/7，但我們知道，其實常數的真實值，比 22/7 稍微小一點點）。希臘人也知道這個常數，並且利用幾何方法來求它的值，比埃及人的方法稍微精確些。數學家把這個常數叫做圓周率，數學符號就是希臘字 π，唸作 pi。

　　圓周率 π 是個非常有趣的數字，很多人在研究它。 π 是無理

數（irrational number），也就是說，我們無法把它寫成分數的形式，不能以兩個整數相除的方式來呈現。因此，我們永遠不知道 π 的真實值是多少，我們估量的值不管有多麼精確，一定會與真實值稍有誤差。我們只能不斷增加 π 的估計值的精確度，使誤差愈來愈小。現在利用最快速、最強大的電腦，已經有程式可以算出 π 值在小數點之後的百萬位數的值了，但這還不是 π 的真實值。（在實際應用上，只要知道小數點後面幾位數的值，通常就夠用了。）

知道這些，對我們們計算圓的圓周，有什麼用呢？

你已經知道，對任何圓來說，圓周（C）除以直徑（d），就是圓周率。因此：

$$\pi = C \big/ d \quad \text{或} \quad C = \pi \cdot d$$

如果你知道一個圓的直徑了，只要把它乘上 π（它的近似值是 3.14159…），就會得到圓周的長度。

大部分書上的公式，是以半徑來表示的。由於 $d = 2r$，因此：

$$C = \pi(2r) = 2\pi r$$

—— 數學博士，於「數學論壇」

圓的探索

親愛的數學博士：

　　我正在學圓，像是弦或半徑等等。我想知道這些名詞的定義，以及 π（圓周率）的意義。

　　敬祝　　大安

　　　　　　　　　　　　　　　　　　　　　　　　　理昂

親愛的理昂：

　　你問的是幾千年來很多人關心的問題，這是很有趣的問題。好久以前，希臘人就很好奇，到底 π 是多少？也有很多人絞盡腦汁思考 π 該怎麼求。

　　π 是一個圓上，圓周除以直徑的比率。也就是說，如果你有一條圓周那麼長的直線，用它來除以直徑時，π 就是這個倍數。它比 3 倍多一些。但是 π 還有各種各樣的奇怪特質。它是一個你永遠寫不完整的數字，這就是為什麼我們用 π 來代表它，而不寫出它的值的主要原因。如果一定要寫出來，π 會像 $3.141592653589\cdots$，但這還只是剛開始而已，它會一直下去，永遠沒完沒了。

　　那麼，我們該如何定義一個圓呢？這裡有個相當有趣的思考方法：在一塊板子上釘個釘子，在釘子上綁一條細繩，然後把細繩的

一端綁在一根鉛筆上。再把鉛筆儘量拉開，在板子上畫線。這條細繩會阻止你把鉛筆拉太遠。如果在畫線的過程中，一直把細繩拉得很直，你可以沿著釘子畫一個圓。釘子就是圓的圓心。

如果你這樣畫圓，就會明白，鉛筆在畫圓的過程中，一直與釘子保持同樣的距離。這個距離就是細繩的長度。因此，你可以說，圓就是離圓心相等距離的圖形。

如果你在紙上畫一個點，代表圓心，再用直尺，把距離這個點3 公分的點都標出來。你會發現，如果畫的點夠多，它會愈來愈像一個圓。如果畫的點實在很多了，就能構成一個圓。

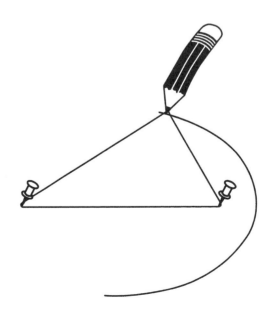

　　用釘子與細繩可以玩的把戲並不只是畫圓而已。試試看在紙板或桌子上釘兩根釘子，然後用一條細繩繞過這兩根釘子，頭尾打個結，構成一個繩圈。把鉛筆放進繩圈裡，往外撐緊，讓兩根釘子與鉛筆構成一個三角形，如左頁下方的圖。接下來，移動鉛筆畫線，並隨時將細繩拉直，你會得到什麼形狀？

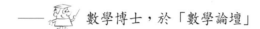

── 數學博士，於「數學論壇」

披薩的半徑

親愛的數學博士：

　　如果一個披薩的面積是 300 平方公分，它的半徑是多少？要怎麼解這個題目？

　　敬祝　　大安　　　　　　　　　　　　　　　　　　　蘿倫

親愛的蘿倫：

　　圓面積是 π 乘以半徑的平方。圓面積的數學公式 πr^2 非常有名，英文可以開個玩笑，唸成「Pie are square.」，字面意思就是「派

是方的」。

你已經知道披薩的面積是 300 平方公分，因此， $300 = \pi r^2$。在這個公式裡，未知數只有 r。

把 $300 = \pi r^2$ 的等號兩邊同時除以 π，可以得到 $300 / \pi = r^2$，因此 r^2 大約等於 $300 / 3.1416$，大約是 95.5。

r 就是 95.5 的平方根，大約是 9.8 公分。

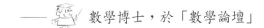 ── 數學博士，於「數學論壇」

圓周與周長

親愛的數學博士：

從技術上來說，「周長」這個名詞可以應用在圓形上嗎？

敬祝　　大安　　　　　　　　　　　　　　　　　　　理昂

親愛的理昂：

圓周就是一種用在圓形上的特定周長。當然沒有什麼特別的理由，禁止你把「周長」這個名詞用在圓形；尤其當我們討論的圖形

除了圓形之外，還涉及別的圖形時，更是如此。而且我們也不清楚這兩個名詞有什麼特別必須區分的意義。

　　周長的英文字 perimeter 是從希臘文來的，意思是量一圈。而圓周的英文字 circumference 是從拉丁文來的，意思是繞一圈。希臘人甚至用另外一個字來代表圓的周長，後來變成英文的 periphery 這個字，也就是周圍的意思。

　　在某些英文字典裡，圓周 circumference 就解釋成：圓形的周長 perimeter 。因此，周長這個詞可用在所有的圖形；但圓周的用途窄多了，只能用在圓形上。

　　　　　　　　　　　　　　—— 數學博士，於「數學論壇」

圓面積

親愛的數學博士：

　　我還沒有搞清楚，但是我很想知道怎麼求圓面積。請您幫個忙。

　　敬祝　　大安　　　　　　　　　　　　　　　　　蘿倫

親愛的蘿倫：

我也搞不清楚你要知道什麼。你是想知道圓面積的公式呢？還是想瞭解為什麼是這樣的一個公式。不過我買一送一，把兩件事都告訴你。圓面積的公式是：

$$A = \pi r^2$$

意思是說，面積等於 π（3.14159 …）乘上半徑的平方。要使用這個公式，首先必須量出圓半徑（等於直徑的一半），把它取平方（自乘一次），再將結果乘上 π，就行了。

有一個很有趣的方法，可以看出為什麼這個公式是對的，它也能幫助你記住這個公式。（其實記住這個公式最簡單的方法，就是一個老玩笑啦。明明派餅是圓的，為什麼美國人老愛說「Pie are square」，派是方的呢？）請你把一個圓，像切披薩一樣切開。我這裡只是切成 6 塊，但是你可以想像一下，愈多愈好：

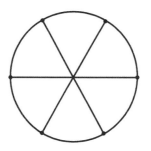

切開之後，一塊接一塊擺好：

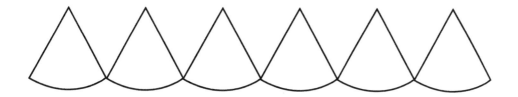

　　這些一塊塊的東西，叫做扇形（sector），它與三角形很接近。當然如果你切得愈多片，扇形的底就愈接近一條直線，就愈像個三角形了。我們利用三角形的面積公式，來求這些扇形的面積，即：$A = 1/2 \cdot b \cdot h$。

　　那麼，三角形面積公式裡的底，是圓的哪一部分呢？其實就是展開、拉直的圓周。另外，三角形的高，其實就是圓的半徑。因此每塊三角形的面積就是：$A = 1/2 \, (1/6C) \cdot r$。

　　但是對一個圓來說，總共有六塊這種扇形。因此總面積應該要乘上 6 倍。所以你的三角形如果是把圓周切成 6 份，最後要乘上 6 倍。切成多少份，最後就乘上多少倍。

　　因此，$A = [1/2 \, (1/6C) \cdot r] \cdot 6 = 1/2C \cdot r$。

　　而你應該知道，圓周 C 等於直徑 d 乘 π，也等於 2 倍的半徑 r 乘 π。所以面積就是：

$$A = 1/2 \, (2\pi r) \cdot r = \pi r^2$$

　　換句話說，圓面積相當於三角形的面積，它的底是圓周長，高
等於圓半徑。

—— 數學博士，於「數學論壇」

度量的精確性

親愛的數學博士：

　　我已知道圓周率 π 是圓周除以直徑的比值，而且它是個無理數。也就是説，直徑與圓周這兩個數中，一定有一個必須也是無理數才行。我不瞭解怎麼會這樣。

　　如果我有一條 1 公分長的線，然後用它繞成一個圓，理論上，我量不出這個圓的直徑嗎？就只因為我無法精確度量它，也不應該説它的長度會變成一個有無窮多小數點位數的值呀！你想想看，沒完沒了，無窮無盡呢！

　　如果我們的度量系統很粗糙，本來就不夠精確，那我還比較能接受上面的推論。但我看不出來，為什麼一個長度可以量得很精確，另一個長度卻不可以。直角三角形的斜邊，有些也是有理數，如果它們都能夠度量，我看不出有什麼是不能度量的。除非有個公式説它是不能度量的。

　　我的意思是説，我知道這些線的長度都是有限的。因此，小數點後面的位數也應該有個結束才對。

　　這就是我的問題。希望你知道我在問什麼。

敬祝　大安

理昂

親愛的理昂：

　　你很聰明，觀察力很棒。其實圓周與直徑都不是有理數。如果你有一條線，長度正好是 10 公分，你也用它做一個完美的圓。那麼這個圓的直徑，會是一個無理數。你可以試著去量它，但不管你量得多麼精確，從數學理論的觀點來看，都還不夠精確。因此若是純粹靠度量，你永遠得不到這條直徑的眞實值，你只能得到近似值。

　　如果你用剛才那條直線當直徑，畫個圓，圓周就會是無理數，你永遠無法把圓周的眞實值很精確的測量出來。你的度量值可以非常非常的接近，接近到任何精微的程度都可以，但就是永遠差那麼一點點。

　　以直角三角形爲例，如果兩股都是 1 公分，則我們在度量斜邊的長度時，也會碰上相同的問題。因爲它的斜邊長度就是無理數。你可以量得非常接近，但它並不是眞正的值。

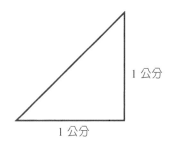

　　想要知道這些東西的精確長度，只能靠代數的計算。沒有哪個

東西是可以絕對精確的度量出來的。有些東西可以量到相當精確，或足夠精確，但就是不會絕對精確。

　　舉個例子來說好了。我們說自己有一條 10 公分長的線。我們要來量這條線，當然是用一根直尺。我們把線拉直，擺在尺上，看起來它是 10 公分長沒錯。但是你能確定它真的剛好是 10 公分，還是 10.000000000000001 公分嗎？

　　如果要量出 10.000000000000001，假設我們還辦得到。我們有一把刻度非常非常細的尺，可以用顯微鏡來觀察刻度。所以我們知道它不是 10.000000000000001。好吧，我換個問題：你怎麼知道它是 10，還是 10.000000000000000000000000000000001 呢？你有什麼辦法量到這種精確程度？

　　看到沒？不管我們可以量到多麼精確，真正的值可能不是量尺告訴我們的值。因為沒有一把尺，或一種度量系統，可以做到無限精確的程度。因此，一件東西是不是確實是 10 公分，或確實是 π 值，並不那麼重要。因為我們不可能把任何一個值，量到那麼精確的地步。10 與 π 都有無限多個小數點之後的位數。只是在 10 的例子裡，這些位數的值都是 0 而已。

　　我們所做的任何度量，都只是真實值的一個近似值。它可能是一個非常好的近似值，相當相當的接近，但不管怎麼接近，仍然不會是絕對正確的值。這也是為何要發明代數的原因。如果我們沒有

辦法度量出一件東西的眞正值，我們總是要想個辦法，最起碼要能計算出它眞正的值來。

　　這也是我們知道 π 是個無理數的原因 —— 並不是以度量的方式發現， π 在小數點後面的位數有無限多個，而是因爲代數的計算已經告訴我們， π 是這樣的一個怪胎。如果可以做出完美的度量，我們可能會得到 10 的眞實值與 π 的眞實值。但實際上，我們沒有辦法做這麼精確的度量。

　　長度的量測與我們使用的量測單位有關。你這樣想好了：我們量一個長度，是把這個長度拿來與一段單位長度做比較。比方說，我們要知道一個正方形的邊長是多少公分，是把正方形的邊長，拿來與 1 公分的長度做比較。因此，一條已知線段的長度，可能是有理數，也可能是無理數，完全看你用什麼單位來量它。

　　舉例來說，我們有個正方形。我們就用這個正方形的邊長當做長度的度量單位。那麼這個單位正方形，邊長當然是 1 啦。但是你要注意啦，它對角線的長度是 2 的開根號， $\sqrt{2}$ 就是一個無理數。如果我們反過來，用這一條對角線當做單位長度，則對角線的長度值就變成一個有理數，正方形的邊長反而變成無理數了。

　　因此，線段本身就有一個實質的長度，並沒有「是個有理數」或「是個無理數」這種問題。不過，兩條線段倒是有可能是「不可公度的」（incommensurable），意思是說，它們長度的比值是無理數。

這個觀念要回溯到古希臘。由於古希臘人只知道正整數，起初他們相信，任何兩條線段的比值都是整數比。如果所選的單位長度足夠短，任何線段都可以用這個單位長度為共同的基準來度量。後來他們發現，單位正方形的邊長與對角線是不可公度的，也就是不論用什麼長度為單位，都不可能讓兩者有整數比值。由於兩者的比值不是分數，希臘人很多美妙的證明都給推翻掉，他們只得重新來過。

事實上，我們在數學上談到的數字，甚至是無法度量的。我們沒辦法得到足夠的小數位數，來判斷它是不是有理數。如果我們度量得夠精確，會發現到它的組成分子、原子、甚至次原子粒子，因此不管怎樣，都不會有個固定的結尾。只有在完美的歐氏幾何世界裡，我們可以拿某個線段當做長度單位，度量其他的東西到足夠精確的程度，知道它是不是有理數。至於無理數，在我們真實的世界裡，算是無厘頭的東西，就很難類比了。

—— 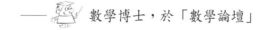 數學博士，於「數學論壇」

希臘字母 π

數學家選擇希臘字母 π，代表圓周率（$3.141592\cdots$），是因為 π 的發音 pi，開頭的字母是 p，與周長的英文字 perimeter 開頭相同。

π 的形式

親愛的數學博士：

　　我對 π 這個數字非常好奇，它的小數點位數的最後，會不會出現像電腦位元一樣，只由 0 與 1 組成呢？

　　敬祝　　大安　　　　　　　　　　　　　　　　蘿倫

親愛的蘿倫：

　　你真是問得好，這個題目非常有趣。但答案是沒有人知道，只有天曉得了。

　　經過超級電腦的計算之後，π 在小數點後面的位數，我們已經知道好幾百萬位了。但這些數字的出現，好像是隨機的，從 0 到 9 每個數字出現的頻率差不多，次序也是亂糟糟的。有些現代數學家認為，這種形式應該會持續下去，直到永遠，也就是沒完沒了。因此，它不會變成一種只有 0 與 1，或任何個別數字的序列。

　　真相到底如何，真的沒有人知道。我們只能確定 π 是無理數，它小數點以下的位數永遠不會結束，也不會循環出現。

　　如果你真的對 π 感興趣，可以到學校的圖書館，去查閱一些數學讀物。有的書，一整本都在講這個圓周率，例如貝克曼（Petr

Beckmann）所著的《π 的歷史》（*A History of Pi*）就是一本好書。其他很多書，都是用一整章來介紹 π 的。你可以從其中任何一本開始。

　　另外還有件事，我不知道你是否學過別的數字系統。因為你特別提到了電腦位元。或許你知道，許多電腦工程師很喜歡使用二進位制，這二進位制只用 0 與 1，就能表示出任何一個數字。例如 13 這個數字，可以寫成 1101 的二進位數字。而 1/2 則可以寫成二進位的 0.1。因此，如果用二進位制來寫 π，它就會是一串只有 0 與 1 的數字了。

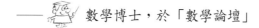

　　—— 數學博士，於「數學論壇」

布豐（Buffon）投針實驗

　　如果有 n 根針，每根的長度都是 1 單位長。你在平面上，也以 1 單位長的間隔畫滿了平行線。然後你隨意把針丟在這個平面上，則與平行線相交（或相觸）的針數，除以投針的總數，會接近 2／π。當針的數目愈來愈多時，接近的程度愈高。這是很有趣的實驗題目，可以全班同學一起來玩玩看。

網路習題

Math Forum

讀者可從下列網站，學習到更多與圓有關的觀念：

Math Forum: Designs with Circles – Suzanne Alejandre

mathforum.org/alejandre/circles.html

同學可以讀到伊斯蘭文化裡關於圓的故事，探討一些與圓的設計相關的問題。

Math Forum: The Derivation of Pi

mathforum.org/te/exchange/hosted/basden/pi_3_14159265358.html

同學可以藉由某一些實物，瞭解某些常數的觀念，如圓周率。

Math Forum: Pi Day Songs

mathforum.org/te/exchange/hosted/morehouse/songs.pi.html

從一些民謠兒歌改編而來的數學歌，可以在「圓周日」歡唱的。

Math Forum: The Pi Trivia Quiz

mathforum.org/te/exchange/hosted/morehouse/trivia.pi.html

測驗你是否瞭解 π 的基本概念。

Math Forum: The Area of a Circle

mathforum.org/te/exchange/hosted/basden/circle_area/circle_area.html

　　介紹圓面積公式的推導。

Shodor Organization:Project Interactivate: Buffon's Needle

shodor.org/interactivate/activities/buffoon/

　　布豐投針實驗的模擬程式。可以讓同學進行模擬的投針實驗，

　　並計算出針、線相交的機率。

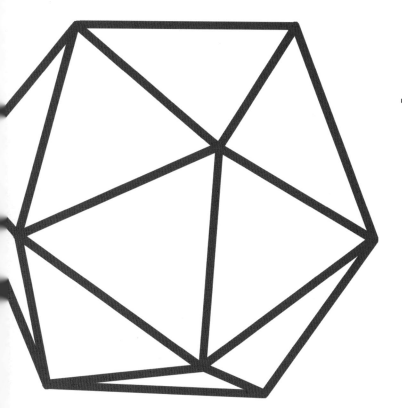

第 4 部

三維幾何圖形

◎ 多面體　◎ 柏拉圖立體　◎ 表面積

◎ 體積　◎ 立體的展開圖

到目前為止，我們已經介紹了許多一維與二維的物體。在這一部，我們要介紹一些三維物體，又稱立體。

你還記不記得為了要瞭解多邊形與圓，我們必須先瞭解直線的特性。同樣的，在處理三維物體之前，我們也必須先學習多邊形與圓的特性。三維的幾何圖形，都是由二維的圖形構成的。畢竟，正方形與立方體或立方錐有關係，而圓與球、圓柱或圓錐有關係，三角形可用來構成四面體、其他的柏拉圖立體（Platonic solids）與金字塔結構。你不知道什麼叫做柏拉圖立體嗎？我們會在下面介紹。

在這一部裡，數學博士將介紹：

◎ 多面體

◎ 柏拉圖立體

◎ 表面積

◎ 體積

◎ 立體的展開圖

1. 多面體

多面體的英文是 polyhedron（複數是 polyhedra）。字首 poly 是從希臘字來的，原意是「多」的意思；而字根是 hedron，原意是「臉

面」，合在一起，就是「多面體」。如果把它與多邊形的英文字 polygon 來比較，就很容易瞭解。 Gon 是希臘字 gonu 變來的，意思是「角」，因此，多邊形也有人稱為多角形。也就是說，多邊形是有很多角的圖形，而多面體是有很多面的圖形。

　　英文的數學名詞必須記住字首、字尾的來源和意思，中文就簡單多了，望文生義即可。

什麼是多面體？

親愛的數學博士：

　　我知道什麼是多邊形。但現在碰到的這個玩意卻叫「多面體」，它是什麼東東？

　　敬祝　　大安

理昂

親愛的理昂：

　　多邊形只是一種平面上的圖形，但你問的多面體卻不是平面上的東西。它是立體的，是由很多面構成的三維幾何圖形。多面體的每個面，都是二維的多邊形，像是三角形、正方形等等。多面體不是只有長與寬兩個維度而已，還有厚度。

　　多面體除了「面」這個組成部分之外，還有兩個構成元素：一個叫做「邊」，也就是兩個面交會的地方；另一個叫做「頂點」（vertex），就是幾個面碰在一起形成的角（如果你剛好坐在上面，會覺得很不舒服）。

　　每種多面體的英文字首，會透露出它的一些特性來。例如，立方體（cube）另外有個名稱，叫「六面體」（hexahedron）。字首 hexa 就是希臘字「六」的意思。二十面體（icosahedron）有 20 個三角形的

面，字首 icosa 是從希臘字 eikosi 來的，意思就是「二十」。

　　這兩個多面體都是很特別的，因為它們是 5 種正多面體（regular polyhedron）當中的 2 種。所謂正多面體是指：構成這個多面體的每個面，都是正多邊形，而且都是同樣的正多邊形。此外，每一個頂點周邊的面數，都是一樣的。 5 種正多面體分別是：

(1) 四面體（tetrahedron），有 4 個正三角形的面，是最簡單的正多面體；

(2) 立方體，如你所知，有 6 個正方形的面；

(3) 八面體（octahedron），有 8 個正三角形的面；

(4) 十二面體（dodecahedron），有 12 個正五邊形的面；

(5) 二十面體，有 20 個正三角形的面。

　　那麼，什麼是不正的多面體呢？當它們的面是不相同的多邊形，或它們的面雖然相同、卻不是正多邊形時，這個多面體就不算正多面體。舉例來說，有一種半正多面體，就是由兩種不同的正多邊形構成的。棱柱則是另一種特別形狀的多面體，看起來很像一個壓扁的餅干盒或麵糰。棱柱的上下兩面是同樣的面，這兩個面之間是由許多平行四邊形連接起來的。

—— 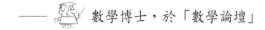 數學博士，於「數學論壇」

多面體的分類與歐拉公式（Euler's formula）

親愛的數學博士：

　　我想知道多面體怎麼分類，哪些圖形可以構成多面體的面。

我還想知道與面、邊、頂點有關的定理。

　　敬祝　　大安　　　　　　　　　　　　　　　　蘿倫

親愛的蘿倫：

　　多面體的分類是古代數學家美妙的成就之一。最簡單的分法是有關正多面體的。如果具備下列三種特質，那麼這個多面體就是正多面體。

(1) 每個面都是正多邊形。

(2) 每個面都全等於其他的面。

(3) 每個頂點都由同樣的面數圍繞著。

　　因此，正多面體共有五種（請看右頁的圖，v 代表頂點數，e 代表邊數，f 代表面的數目）：

(1) 四面體：三角形的金字塔形狀，有 4 個頂點、6 個邊與 4 個面。

(2) 立方體或六面體：一般人對它都很熟悉，它有 8 個頂點、

12 個邊及 6 個正方形的面。

(3) 八面體：是由 8 個正三角形構成的，有 6 個頂點、 12 個邊以及 8 個面。

(4) 十二面體：由 12 個正五邊形所構成，有 20 個頂點、 30 個邊及 12 個面。

(5) 二十面體：由 20 個三角形構成，有 12 個頂點、 30 個邊與 20 個面。

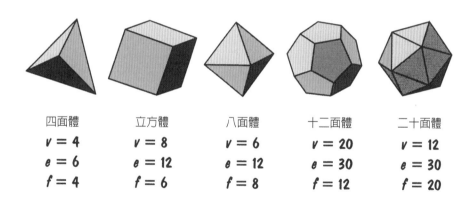

四面體　　　　立方體　　　　八面體　　　　十二面體　　　二十面體
v = 4　　　　 v = 8　　　　 v = 6　　　　 v = 20　　　　 v = 12
e = 6　　　　 e = 12　　　　 e = 12　　　　 e = 30　　　　 e = 30
f = 4　　　　 f = 6　　　　 f = 8　　　　 f = 12　　　　 f = 20

　　非正多面體也有一些類型，可以稍做區分，例如有 13 種阿基米得立體（編注：圖解請參閱天下文化出版的《典雅的幾何》一書第 138 頁），或半正多面體。它們由兩種或更多種的正多邊形構成，都依同樣的順序，圍繞著每個頂點。例如，你會看到一種由五邊形、正方

形、三角形與正方形依序圍繞著每個頂點的多面體，不過沒有哪一個頂點的圍繞順序會是五邊形、三角形、三角形、正方形。

另外，多面體在面、邊與頂點的數目上，互相之間有一個很有趣的關係。瑞士的大數學家歐拉（Leonard Euler, 1707-1783）發現，對任何一個多面體：

$$f - e + v = 2$$

以立方體為例，$f = 6$，$e = 12$，而 $v = 8$，因此，$6 - 12 + 8 = 2$。

 ——數學博士，於「數學論壇」

 底與面

親愛的數學博士：

我們現在的數學課，教到多面體。但我分不清多面體的底，與它的面有什麼不同。一個立方體有多少個底？又有多少個面呢？

敬祝   大安   理昂

親愛的理昂：

這是一個非常古老的問題。我們通常把「底」和「面」這兩個名詞，用在不同的場合。

一個立方體有 6 個面。右圖這個立方體並沒有放在桌面上，而好像是飄浮在空中似的。因此，它的 6 個面都是一樣的，我們並不認為其中有哪個面是底。

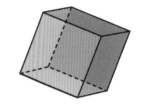

當我們談到如何計算面積或體積時，通常認為某個面是放在最底下的，就叫它為底。好像我們就是把這個面放在桌上，來度量我們想要的東西。頂端的面也可以看成是個底，因為它與底部的面是完全一樣的。至於其他的面，就稱為側面了。因此，當你把一個立方體放下來，它會有 1 個底（或是兩個，包括上底與下底，隨你喜歡），以及 4 個側面。

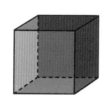

當你談到一個立方體時，叫哪個面為底，並沒有什麼不同，因為這些面都是一樣的。可是，如果談到的是長方體，它有長、寬、高 3 個不同的長度；一旦你選了某個特別的面為底，你就選定了用

來計算底面積的兩個長度，也決定了第三個長度為高。

　　多面體的某些性質，並不會因你選了哪一個面為底，而有所不同，例如多面體的體積。有些圖形並沒有頂面。一根橫放的圓柱，或金字塔，就沒有頂面。

—— 數學博士，於「數學論壇」

立方體的邊

親愛的數學博士：

　　一個立方體有多少個邊？我爸說立方體有 6 個邊，但我認為應該是 12 個邊才對。我知道立方體有 6 個面，但邊與面應該是不同的數目才對吧？

　　敬祝　　大安　　　　　　　　　　　　　　　　蘿倫

親愛的蘿倫：

　　一個立方體有 6 個面與 8 個頂點；而有 12 個邊，連接在各頂點之間。面是構成立方體的二維圖形；邊是立方體任兩個相鄰的面交會時形成的那條直線；頂點則是好幾個面碰在一起的那個點。

　　立方體有 8 個頂點。因為它有兩個正方形，分別給當成上底與下底。而你再用四條直線，把上底的 4 個頂點與下底的 4 個頂點連在一起。由於上、下兩個正方形共有 8 個頂點，而連接這兩個面的那些直線，並沒有產生新的交會點，所以頂點只有這 8 個。

　　其次，上面的正方形有 4 個邊，下面的正方形也有 4 個邊，而有 4 條直線連接了上、下兩個正方形。因此，立方體總共有 4 ＋ 4 ＋ 4 ＝ 12 個邊。

　　上面與下面的正方形，共有 2 個面。而當你加了四條直線連接上、下兩個正方形時，你在四周的側面上，又添了 4 個新的面。因此，總共是 6 個面。

　　不過這些問題單憑想像力，通常有些困難。一般人不容易在腦海裡建構出三維的幾何物體來。當我碰到這種不容易想像出來的三維物體時，我發現最好的辦法是找一些黏土，把這個東西做出來，再好好的檢查一番。

　　解決你問題的最好辦法，是找一個紙盒子來，鞋盒或玉米脆片的盒子都行。然後用一支馬克筆，把每個邊都編上號碼。這個做法

最美妙的地方是，你不但可以確定一個盒子（就像個立方體）有 12 個邊，而且很容易說服你父親，使他也相信。

—— 數學博士，於「數學論壇」

2. 柏拉圖立體

柏拉圖（Plato, 428-348 B.C.）是古希臘數學家。所謂柏拉圖立體是以他的名字來分類的立體。在他晚期對話錄裡的〈蒂邁烏斯篇〉（*Timaeus*）裡，柏拉圖先建構了 4 種完美的正多面體來代表當時一般人公認的，構成宇宙的四大元素：地、火、風、與水。其中，由正方形構成的立方體，因為穩重，代表地；由三角形構成的四面體、八面體、二十面體，分別代表火、風（或空氣）、水。

至於第 5 個柏拉圖立體是十二面體，因為是唯一由五角形構成的正多面體，柏拉圖認為它就代表全宇宙。

今天，我們依然稱這些正多面體為柏拉圖立體，但我們對宇宙已經有了全然不同的模型，而對於所謂的地、火、風、水四大元素，也有了新的認識。但我們無法在這裡多談，你必須去找別的書來看。

（編注：關於柏拉圖立體的細節，有興趣的讀者可參閱天下文化出版的《典雅的幾何》一書第二部〈柏拉圖與阿基米得立體〉。）

柏拉圖立體只有 5 種？

親愛的數學博士：

　　我正在研究柏拉圖立體。我聽說它只有 5 個，我也隱約知道這與什麼內角的角度有關。但我在網路上搜尋，找不到什麼相關資料。始終不瞭解，為什麼只有 5 種柏拉圖立體。你能告訴我嗎？還有，如果有什麼公式之類的，我也想知道。謝謝！

　　敬祝　　大安　　　　　　　　　　　　　　　　　理昂

親愛的理昂：

　　柏拉圖立體有幾個條件。首先，每個面都是全等的正多邊形。其次，每個頂點周圍的面數完全一樣。因此，我們只要檢查一個頂點就夠了，其他的頂點反正完全一樣。

　　一個頂點至少有 3 個面交會。（為什麼？想想看，如果只有 1 個面，沒碰到任何東西，它就是個平面，而不能成為頂點。若是 2 個面碰在一起，會成為一個邊，也不會是個頂點。至少要再加 1 個面進來，才會交會成一個頂點。）

(1) 讓我們從正三角形開始，看看這種圖形可以構成多少種柏拉圖立體。由於每個面有 3 個邊，而且每個面都是正三角

形，因此內角都是 60°。我們可以用 3 個、4 個或 5 個正三角形，構成一個頂點，但卻沒有辦法把 6 個以上的正三角形，湊在一起形成一個頂點。為什麼呢？因為環繞一個頂點的各個面的角度和若是等於 360°，就湊成一個平面，不再是三維的立體了。因此，最大的平面數目是 360° ÷ 60° = 6，也就是說，我們不能把 6 個及 6 個以上的三角形靠在一起，形成一個頂點，還能構成正多面體。

現在，我們分別考慮每一個可行的狀況：

(a) 3 個面湊成一個頂點，就是四面體。

(b) 4 個面構成頂點，就是八面體。

(c) 5 個面構成頂點，就是二十面體。

(2) 其次，看看用正方形，可以構成多少種柏拉圖立體。正方形的每個內角是 90°，共有 4 個邊。要構成一個立方體的頂點，按照前面的討論，最多只能有 3 個面靠在一起。因為 $360° \div 90° = 4$，只要 4 個這種面靠在一起，就變成一個平面了。左圖每個頂點有 3 個面，這是一個立方體（六面體）：$f = 6$，$e = 12$，$v = 8$，而且 $f - e + v = 6 - 12 + 8 = 2$。

(3) 正五邊形可以構成多少種柏拉圖立體？正五邊形有 5 個邊，每個內角是 108°。因為 $360° \div 108° = 3.33\cdots$，只有 3 個正五邊形能構成一個柏拉圖立體的頂點。左圖每個頂點有 3 個面，這就是一個十二面體：$f = 12$，$e = 30$，$v = 20$，而且 $f - e + v = 12 - 30 + 20 = 2$。

(4) 可以用其他的正多邊形來構成柏拉圖立體嗎？正五邊形之後的正多邊形，是正六邊形，內角正好是 120°。 $360° \div 120° = 3$，因此，3 個正六邊形排在一起，已經成為一個平面了，不再是三維的立體。所以我們知道，正六邊形及更多邊的正多邊形，都不可能構成正多面體。請你加加看，總共只有 5 種正多面體，就是所謂的柏拉圖立體。

── 數學博士，於「數學論壇」

截（truncated）

親愛的數學博士：

「截」是什麼意思？

敬祝　　大安　　　　　　　　　　　　　　蘿倫

親愛的蘿倫：

「截」有兩種用法，一種是用在數字上，另一種用在圖形上。首先談數字。如果我們說，要把一個數字的小數點第二位以下無條件捨去，也就是截尾，我們就把這個數字從小數點算起，算到第二位（百分之一位數），以下不管是多少，統統砍掉，不寫了。

如果用在多邊形或多面體上，「截」就代表截角，意思是把一個多邊形或多面體的尖角削平。足球就是一個截二十面體（編注：圖解請參閱《典雅的幾何》第 140-141 頁）。

截的英文字 truncate，字首相當於 trunk，樹幹之意。變成動詞，就是把旁邊的小枝切掉，只留下樹幹。

—— 數學博士，於「數學論壇」

截角的柏拉圖立體

親愛的數學博士：

你能不能給我一些與柏拉圖立體有關的資料？我正在寫一篇報告，需要知道下面這兩件事：

1. 截角的柏拉圖立體。

2. 柏拉圖立體以及它們的截角形式，在過去與現在，有些什麼實際應用。

敬祝 大安 理昂

親愛的理昂：

柏拉圖立體，正如你可能已經知道的，就是那 5 種已知的正多面體，每個面都是正多邊形。

所謂的截角，就是把多面體的角，垂直削掉一點點。如果一個頂點是由 3 個面構成的，如立方體，則截角的地方會形成一個三角形，3 個邊都在原先的平面上（見右頁的圖）。那麼，這些原先的面會變成什麼樣子？它們現在有多少邊呢？現在這個多面體又有多少個頂點？

截角的時候，你可以只截一點點，也可以截很多，甚至截到讓

新生成的面彼此相接。不管截多截少，都會改變原來的面，影響頂點與邊的數目。

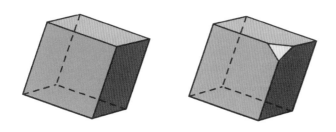

有些截角後的多面體，還是某種正多面體。雖然不像柏拉圖立體那麼正點，但也相當有趣，有趣到引起另一位希臘哲學家阿基米得（Archimedes, 287-212 B.C.）的注意，來為它們命名。這些阿基米得立體，各個面也是正多邊形，但並不是所有的面都相同（編注：請參閱《典雅的幾何》第 137-138 頁）。

你知道要怎麼截柏拉圖立體，使它所有的面都是正多邊形嗎？你能截一個柏拉圖立體，使它變成另一個柏拉圖立體嗎？

你會發現，討論到截角的時候，可以問很多的好問題，也有很多答案需要探討。請你設法做一張表，寫下開始的時候所用的那個柏拉圖立體；然後記下截角的方式，是截一點點，還是截很多；以及最後的立體是什麼樣子。有些還會有一種以上的結果。它們之間有非常有趣的關連，你可以好好玩一玩。

　　至於多面體的歷史與應用，我已經提過柏拉圖與阿基米得。你可以再看看德國天文學家刻卜勒（Johannes Kepler, 1571-1630）對這些立體的想法（編注：請參閱《典雅的幾何》第 131 頁「刻卜勒多面體」）。

　　在應用方面，風靡全球的足球，就是一個截二十面體。在化學裡，有一種多面體分子叫做巴克球（buckyball）或富勒球（fullerene），是由 60 個碳原子構成的球狀碳原子團，各個碳原子分別位於截二十面體的 60 個頂點（編注：請參閱天下文化出版的《看不見的分子》一書第 98-99 頁）。

　　富勒球具有 60 個頂點、 90 個邊、以及 32 個面，其中 20 個面為正六邊形， 12 個面為正五邊形。形狀有點像足球，只是稍微扁一點。富勒球這個名稱是為了紀念著名的建築師富勒（Buckminster Fuller, 1895-1983），他所設計的一棟圓頂建築與這種分子外形相似。富勒也設計了一種很像十二面體的地球儀。

　　這些是我現在想到的一些應用。

──　　　數學博士，於「數學論壇」

3. 表面積

你在〈第 1 部〉學到的二維圖形的知識，現在還用得著。

當你要計算三維物體的表面積時，你所想的是包圍這個三維幾何圖形表面的東西，那很像一層皮膚。如果你可以把這個多面體的每個面都剝下來，一個面、一個面的考慮，你會發現，它們每一個都是二維的幾何圖形。因此，你計算三維幾何圖形的表面積時，可以把所有計算二維圖形面積的本事，全部派上用場。

求表面積

親愛的數學博士：

　　我不瞭解求各種不同的多面體表面積的公式。我給弄得糊裡糊塗的，但又講不清楚自己什麼地方不懂。拜託您。

　　敬祝　　大安　　　　　　　　　　　　　　　　　蘿倫

親愛的蘿倫：

　　基本的觀念是這樣的：當你要算一個三維幾何圖形的表面積時，要把圖形的每個表面拆解開來，算出每個面的面積，再把它們全部加起來。有時候，這個結果可以用很簡潔的公式表示出來，看起來，似乎不需要像我說的這麼費事。但這沒什麼關係，答案還是正確的。

　　我們舉幾個例子來看看。就先看立方體吧，立方體有 6 個面，都是正方形。如果你忘了，請你想像一個骰子，它上面有 6 個面，分別從 1 點到 6 點。

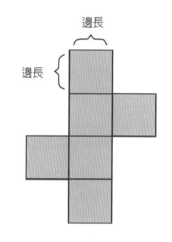

　　立方體的每個面都是正方形，正方形每個邊的長度，就是立方體的邊長。正方形的面積等於邊長的平方。右圖就是立方體的展開圖：你拿這張圖折疊回去，就能做出一個立方體。

　　我們假設 S 代表多面體的表面積，則立方體的表面積為：

$$S = 第一面 + 第二面 + 第三面 + 第四面 + 第五面 + 第六面$$
$$= 邊長 \cdot 邊長 + 邊長 \cdot 邊長 + 邊長 \cdot 邊長 + 邊長 \cdot 邊長 + 邊長 \cdot 邊長 + 邊長 \cdot 邊長$$
$$= 6 \cdot 邊長 \cdot 邊長$$
$$= 6 \cdot 邊長^2$$

　　現在，假設我們計算的不是立方體，而是一個長方柱，就像玉米脆片的包裝紙盒。我們現在還是有 6 個面，但兩個兩個一組，共

有 3 對。其中有 2 個長方形的尺寸是寬×高；有 2 個長方形的尺寸

為寬×長；剩下的 2 個長方形尺寸為長×高。

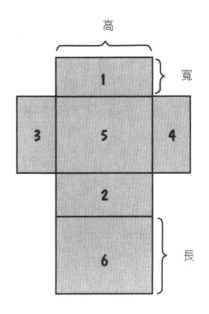

因此，這個長方柱的表面積為：

S = 第一面＋第二面＋第三面＋第四面＋第五面＋第六面

 = 寬‧高＋寬‧高＋寬‧長＋寬‧長＋長‧高＋長‧高

 = 2‧（寬‧高＋寬‧長＋長‧高）

我們再來看一個圓柱形的例子。圓柱形有 3 個面：柱的兩端各

有一個圓,以及側邊的一個曲面。但這個曲面可以攤平、展開,變成一個長方形。

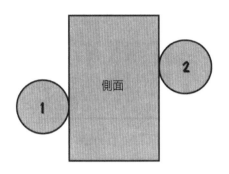

每個圓的面積是 π 乘以半徑的平方。因此,圓柱的表面積為:

S = 第 1 圓面積+第 2 圓面積+側面的面積

= π · 半徑^2 + π · 半徑^2 + 側面的面積

這個側面長方形的高度,就是圓柱的高度,那寬度是多少呢?它就是圓形的圓周長。因此,圓柱形表面積的公式就是:

S = π · 半徑^2 + π · 半徑^2 + 高 · 圓周

= π · 半徑^2 + π · 半徑^2 + 高 · 2 π · 半徑

= π · 半徑 (半徑+半徑+高 · 2)

$$= \pi \cdot 半徑（2 \cdot 半徑 + 2 \cdot 高）$$
$$= 2\pi \cdot 半徑（半徑 + 高）$$

現在，重點來了。如果你不是每天都要用到這些公式，當然不必去強記。我就沒有記住。如果我要計算一個圓柱的表面積，我會先把它拆解成兩個圓、加上一個側面的長方形，再分別計算它們的面積，然後加起來。

我建議你也這樣做，不必去背那些複雜的公式。

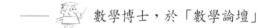 ——數學博士，於「數學論壇」

 ## 表面積的重要性

親愛的數學博士：

我很好奇，表面積為什麼這麼重要？什麼事情是需要用到表面積的？我知道使用毛巾時，表面積是很重要的，但還有什麼別的嗎？或許可以用在建築？請舉幾個例子告訴我，謝謝。

敬祝　　大安　　　　　　　　　　　　　　　　　　　　　理昂

親愛的理昂：

　　在建築工程上，表面積的大小會影響到建材的採購方案、施工計畫與成本，例如牆面、玻璃、油漆等等。在製造業裡，碰到的也是類似的問題，例如製造盒子、塗裝、或軋金屬片。設計汽車或飛機的時候，表面積牽涉到風阻或空氣阻力的計算，這類的問題相當重要。另外，計算材料的壓力與強度時，也用得上表面積。

　　暴露在空氣中的表面積，影響到物體加熱、冷卻速率或乾燥速率、吸收速率。例如，大象的體積很大，但表面積相對不太大，因此需要一對很大的耳朵來協助散熱。我們身體裡的肺臟、小腸及大腦有非常複雜的形狀，來增加表面積。此外，空氣清淨器與汽車的散熱器，以及你提到的毛巾，都是很好的例子。毛巾是由很多毛線構成的，一條毛巾看起來不大，其實它能吸水的表面積是很大的。每條毛線都有自己吸收水分的表面積。

　　另外有些東西，則是儘量減少表面積，使它不會乾掉或失水，例如松針或仙人掌類的植物。

　　很多你買的日用品，像布料、塑膠袋、塑膠布等等，通常是以表面積來計價的。如果不是的話，你可以用表面積來比較它們的價格，看看哪個划算。

　　　　　　　　　　　　　　　　—— 數學博士，於「數學論壇」

4.　體　積

　　思考體積最簡單的方式是這樣的：如果你有兩團一樣大小的黏土，你用它們做出兩個形狀不同的物體，這兩個形狀的體積會是相同的。如果你到廚房用品店去買量杯，你會發現量杯有許多不同的形狀：圓的、方的、寬的、窄的。但如果兩個量杯所標示的最大刻度相同，儘管形狀不同，體積（或容量）仍是一樣的，因為要裝滿這兩個量杯，需要同樣多的東西。也就是說，你先用一個量杯裝滿水，再把這些水倒入另一個量杯，它也會裝得滿滿的。

表面積與體積：立方體與長方柱

親愛的數學博士：

　　什麼是表面積與體積的定義？你如何找出立方體與長方柱的表面積與體積？你能給我一個長方柱與立方體的示意圖嗎？表面積與體積有什麼不同？它們有什麼相似性嗎？

　　敬祝　　大安　　　　　　　　　　　　　　　　　蘿倫

親愛的蘿倫：

　　我們先從一般的面積與體積的觀念開始，再來看看長方柱的問題。至於定義，數學家是非常挑剔的。有時候，我們考慮得愈多，就愈難給某件東西下定義。但我相信你要的只是一種瞭解，就是當我們提到面積與體積時，究竟在說些什麼東西。

　　基本上，一件物體的表面積是指：我們需要多少紙，才能將它包起來；或者要多少油漆，才能把它塗滿（厚薄一致）。體積則是指：如果要做出同樣的一個東西，需要多少黏土；或者，如果這東西是空心的，那麼它可以裝多少水。

　　我們用「平方」的單位來度量面積，如平方公尺或平方公分。例如：我們剪一些每邊 1 公分的正方形小紙片，用它來貼在物體的表面上，那要用多少張這種正方形紙片，才貼得滿呢？面積的定義可以這樣設想。

　　體積的度量則是「立方」單位，例如立方公尺或立方公分。譬如：我們用每邊 1 公分的小立方塊，堆出同樣的東西，那麼需要多少個立方塊，才堆得出來呢？體積的定義可以這樣設想。

　　表面積與體積最主要的相似性，是它們都是用來度量某些東西的大小；而主要的差別在於，面積只處理物體最表面的部分，體積則處理整個物體。面積是二維的，就像一張極薄的紙，並沒有明顯的厚度；而體積是三維的，涉及一個東西的長、寬、高三個尺度。

但是當你在談表面積時，要非常小心。因為你度量的物體雖然是三維的，但你量出來的卻是表面積，只是個二維的東西。

這裡是一個長方柱（立方體只是特殊形式的長方柱，它的三個尺寸都相同而已）：

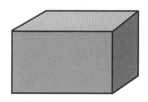

長方柱的構成，可以看成是你把好幾片同樣大小的長方形板子，堆在一起形成的：

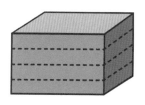

要計算長方柱的體積，只要把它的長、寬、高三個尺寸，乘在一起就行了。例如，你有一個尺寸為 2 公分 × 3 公分 × 4 公分的長方柱，體積就是 2 × 3 × 4 = 24 立方公分。要想知道為什麼，只要用每邊都是 1 公分的立方體，堆出你的長方柱就行了。你需要

6 個（2 × 3）在底部，第二層也是 6 個，一直排到第四層，因此，總共需要 6 × 4 = 24 個小立方塊。

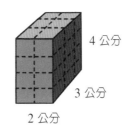

但如果你要計算的是表面積，你必須計算出長方柱的每個長方形表面的面積。長方柱的頂面與底面，面積都是 2 × 3 = 6 平方公分，左側與右側的面積都是 3 × 4 = 12 平方公分，而前面與後面的面積都是 2 × 4 = 8 平方公分。因此，總面積是 2 × 6 + 2 × 12 + 2 × 8 = 12 + 24 + 16 = 52 平方公分。

你能瞭解這些計算嗎？如果不行，拿一些小方塊與一些紙來，做做看。

如果你想要公式，那麼，一個長、寬、高分別為 l、w、h 的長方柱，體積是 $l \cdot w \cdot h$；表面積是 $2(l \cdot w + l \cdot h + w \cdot h)$。

—— 數學博士，於「數學論壇」

容積與體積

親愛的數學博士：

　　如果我知道幾公升的水可以倒滿一個長方柱形的盒子，那我該
怎麼計算它的體積呢？

　　我不明白，為什麼公升也算是一種體積的單位。體積不是等於
長×寬×高嗎？例如，我計算了一個盒子的體積是 400 立方公分，
那它怎麼會等於裝得下 0.4 公升的水呢？

　　敬祝　　大安　　　　　　　　　　　　　　　　　　　　理昂

親愛的理昂：

　　公升是一種容積的單位。而容積與體積是相通的，簡單的說，
可以算是一樣的。

　　長方柱的體積公式是：

$$體積 = 長 \cdot 寬 \cdot 高$$

　　但體積本身還有另一層意義，它是一種三維空間的度量，除了
表示一件物體在三維空間占了多少體積之外，還能表示它裝得下多
少東西。

　　假設我有一個長方柱形的盒子，尺寸是 5 公分× 8 公分× 10 公分，那麼體積就是 5 × 8 × 10 = 400 立方公分，對吧？如果我用這個盒子來裝水，應該能裝多少？不也是 400 立方公分嗎？

　　現在，我另外有個圓柱形的碗，大小也正好裝得下這些水。也就是說，如果我把盒子裡的水全倒進碗裡，正好也能裝滿這個碗。

　　因此，盒子與碗裝得下同等份量的三維尺寸的東西，不管它是水、麵粉或只有空氣。這就是它們體積相同的意思。

　　超市、量販店賣的日常用品，很多是用「公升」做單位的，尤其是大罐裝的液態物品。公升是容積單位，1 公升的容器可以裝得下 1000 立方公分的東西（1 公升＝ 10 公分× 10 公分× 10 公分＝ 1000 立方公分），不管這個 1 公升的容器是什麼形狀。它可以是方盒、圓筒、球形、或截頭的圓錐（就像拋棄式的紙杯）、或者是圓環狀（像甜甜圈），甚至是各種奇形怪狀的香水瓶。

　　計算體積時，不同的形狀有不同的公式。例如，圓柱的體積公式是：

$$體積 ＝ \pi \cdot 半徑^2 \cdot 高度$$

要求出這個圓柱體的半徑，就解上面的公式：

$$半徑 ＝ \sqrt{體積／(\pi \cdot 高度)}$$

或者換過來，我們知道圓柱的半徑，我也可以利用同樣的公式求出高度：

$$高度 = 體積 / (\pi \cdot 半徑^2)$$

但不管它們的尺寸是什麼，如果盒子與圓柱能裝得下同樣數量的東西，體積就相同。下次你有機會到一間廚房用品店時，注意看看各式各樣的量杯。它們可能形狀與式樣都不同，但是若標著 0.1 公升的量杯，體積就是 $1000 \times 0.1 = 100$ 立方公分。不管裝水、糖、麵粉、油或其他東西，所有量杯裝的量都是一樣的。

因此，如果你知道一個盒子能裝幾公升的水，你已經知道這個盒子的體積了。

懂得如何在不同的單位間做換算，很重要。單位換算的觀念，在日常生活中常常運用得到，而且單位不一定都須是公制或英制。譬如，你手邊一時拿不到標準尺，但是有一個很結實的鞋盒，而你想知道某個房間的長度。於是你拿這個鞋盒當尺，去丈量房間的長度，得到房間長度是「16 倍鞋盒長度」的數據。哪天你找到一把尺，量出鞋盒長度有幾公分，你再乘以 16 倍，就會知道房間究竟長幾公分或幾公尺了。

—— 數學博士，於「數學論壇」

長方柱

親愛的數學博士：

　　我對學校的幾何，做了一番總整理，把這個問題擺了好幾天：可不可能有一個長方柱，體積比表面積更大？我試了很多遍，就是解決不了它。如果有這個可能性，你能不能給我一個例子？

　　敬祝　　大安　　　　　　　　　　　　　　　　　蘿倫

親愛的蘿倫：

　　這是很可能的，你只要注意每個尺寸的數值，不去管單位就行了。但是這兩種單位其實是無法比較的。表面積用的是平方，而體積用的是立方。

　　不過單就數值而論，請想想看，當長方柱的尺寸愈來愈大，它的表面積是以長度的平方在增加，而體積卻是以長度的立方（或三次方）在擴大。

　　我們以最簡單的立方體為例。假設它每邊的長度為 s ，則表面積為 $6s^2$ ，體積是 s^3 。你能不能找個 s 值，使 $s^3 > 6s^2$ ？你的問題是：什麼時候 s^3 會比 $6s^2$ 大，這也要看你選的長度單位是什麼了。

（還記不記得以前提過一個類似的題目：「面積會大於周長嗎？」，請回頭看第 83 頁。）

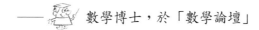 —— 數學博士，於「數學論壇」

 面積、表面積與體積公式

親愛的數學博士：

　　我很難記得住幾何公式。假設你有個罐子，你知道它的半徑，想計算它的體積。你怎麼知道自己計算出來的數值是對的，你計算的不是它的表面積？

　　敬祝　　大安　　　　　　　　　　　　　　　　　　　　理昂

親愛的理昂：

　　有個很簡單漂亮的答案，可以回答你最後的那個問題，雖然它似乎不能回答所有的問題。假設你依稀記得有一個與圓柱有關的公式，叫做 $\pi r^2 h$（π 乘上半徑的平方乘上高），也記得似乎還有一個公式是 $2\pi rh$（2π 乘上半徑乘上高）。只要看看公式裡的維度，就

知道哪個是求面積，哪個是求體積了。

假設上面那個例子，半徑是 5 公分，高是 8 公分，而我們用 3.14 當做 π 的近似值。則第一個公式：

$$\pi\, r^2 h = 3.14\,(5\text{ cm})^2 \cdot 8\text{ cm}$$
$$= 3.14 \cdot 25\text{ cm}^2 \cdot 8\text{ cm} = 628\text{ cm}^3$$

你有沒有看到我如何處理單位？就把它像數值一樣對待。最後的答案裡就會出現單位來。現在，我們得到的答案，單位是 cm^3，因此它是個體積。

同樣的，我們來試試第二個公式看看：

$$2\,\pi\, rh = 2 \cdot 3.14 \cdot 5\text{ cm} \cdot 8\text{ cm}$$
$$= 6.28 \cdot 40\text{ cm}^2 = 251.2\text{ cm}^2$$

我們得到的答案，單位是平方公分，自然是個面積啦。

通常，你只要計算公式裡有多少維度就行了。在 $r^2 h$ 裡，出現了三個維度，因此它是個三維的量，代表體積。而在 rh 公式裡，只出現兩個維度，所以是面積。

最後，學習公式的最好方法，是知道它是從哪裡來的。你或許不容易自己算出與球體有關的公式，但圓柱的公式很簡單就可推導

出來。圓柱側面的表面積，只是底部圓的圓周（$2\pi r$），乘上它的高度（h）。只要把圓柱在桌上滾動，把它的側面攤開成一個長方形就是了。至於圓柱的體積，與長方柱體積的算法一樣，也是底面積乘高度。只要把圓柱底的圓面積（πr^2）乘上高度（h）就行了。

　　至於該怎麼記憶這些公式？我建議你把所有幾何公式寫成一張表，找出彼此之間的關係。我剛才告訴你的，是怎麼把圓與長方形的公式，用在圓柱形。你愈能發現這一類的關係，愈好。你會發現一些平時很少注意到的、不太明顯的關係，像球與圓錐之間，就存在很有趣的關係。

　　與公式交朋友吧，它們會把一些私人祕密透露給你。

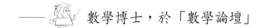

　　　　　　　　　　　　　　—— 數學博士，於「數學論壇」

5.　立體的展開圖

　　假設你有一張紙，想在紙上畫點東西，把它剪下來之後，可以摺疊成一個三維空間的立體。這種可以構成三維物體的平面圖形，就叫做展開圖。

　　如果你真的想要用它來拼貼成三維結構的立體，就必須在一些邊的外側，留下裙邊，方便在黏貼的時候塗上膠水什麼的。當然，如果你利用透明膠帶來黏，也可以不要這些裙邊。

展開圖是一種幾何感

親愛的數學博士：

　　我們學校的數學作業，要我們畫出各種立體形狀的展開圖。什麼是立體形狀的展開圖呀？

　　敬祝　　大安　　　　　　　　　　　　　　　　　　蘿倫

親愛的蘿倫：

　　多面體是由許多平面構成的三維幾何形狀，它的展開圖是一張平面上的圖，告訴我們這些面是如何接連在一起的。下面我們以幾何方式，畫出幾種多面體的展開圖給大家參考。它是把多面體的某幾個邊線切開，然後把所有構成多面體的每個面，都攤在同一個平面上。你可以把這些展開圖切下來，組合成原來的多面體。有時候你在展開圖的旁邊，會看到一些裙邊。這只是便於組合時用的，並不屬於展開圖本身。下面是這些圖形：

名稱	立體形狀	展開圖

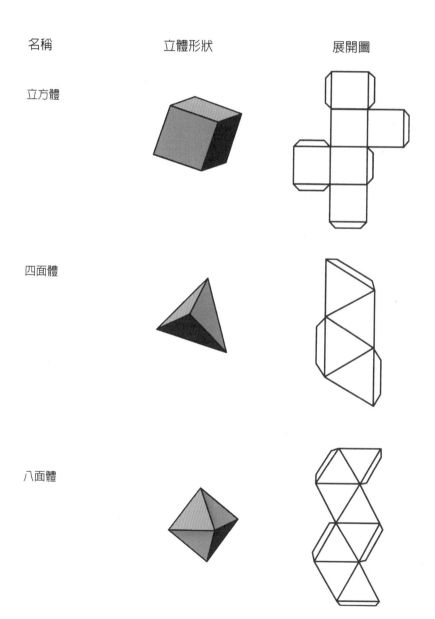

立方體

四面體

八面體

十二面體

二十面體

 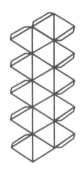

 數學博士，於「數學論壇」

六角形金字塔的展開圖

親愛的數學博士：

六角形金字塔與長方柱的展開圖該怎麼畫？謝謝您。

敬祝　　大安　　　　　　　　　　　　　　　　　理昂

親愛的理昂：

　　我相信你問的展開圖是一種平面圖形，可以摺成你所要的三維幾何圖形。在這兩個例子裡，你都可以從它的底開始（六邊形或長方形），然後把每個側邊倒下來，畫在平面上。至於長方柱，最後還要把上面的那個平面，加在某一個邊線上（相鄰的面）。下方是我畫的圖形，以及該怎麼看它。

　　六角形金字塔：把 6 個角往上摺，尖端靠在一起就成了。（對於正金字塔而言，6 個三角形的 12 個邊，要全部一樣長才行。）

底面

長方柱：把 4 個側面往上摺，再把頂面摺過去，包起來。

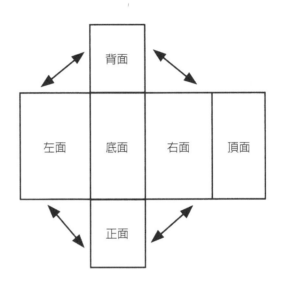

　　要注意，哪些邊必須一樣長。這樣在摺起來的時候，兩個邊線才能完全重疊在一起。舉例來說，有 8 個邊長會等於高（就是箭頭所指的那 8 條線段）。

　　　　　　　　　　── 數學博士，於「數學論壇」

網路習題

讀者可從下列網站，學習到更多三維幾何圖形的觀念：

Math Forum: Crystals

mathforum.org/alejandre/workshops/toc.crystal.html

同學可以從眞實世界裡的晶體結構，學到多面體的知識。晶體結構可以歸成 7 個晶系，你可以連結到一些美麗的晶體照片，也可以把晶體的展開圖列印出來，做成晶體的紙模型。你還可以藉著 CrystalMaker 軟體，利用一些圖像工具來試驗如何組成晶體構造，這些圖像工具包括圓球與桿子、線狀結構、點狀平面雲、晶體的多面體模型等等。

Math Forum: Polyhedra in the Classroom

mathforum.org/alejandre/workshops/unit14.html

一個適合中學生的電腦互動網站，介紹多面體（含可以列印出來的展開圖，可以摺成這個多面體）、萬花筒、富勒球、晶體（含展開圖及晶系）、立方體著色問題。還可以連結到其他的多面體網站。

Math Forum: Studying Polyhedra

mathforum.org/alejandre/applet.polyhedra.html

什麼是多面體？這裡有個 Java 程式可協助同學探索五種正多面體，

找出每種正多面體有多少個面與頂點，以及每個面是由什麼多邊形構成的。

Shodor Organization: Project Interactivate: Surface Area and Volume

shodor.org/interactivate/activities/sa_volume

同學可以操控長方柱的長寬高，得知表面積與體積。

Utah State University: National Library of Virtual Manipulatives: Platonic Solids

matti.usu.edu/nlvm2/nav/frames_asid_128_g_3_t_3.html

這個虛擬的操縱環境，讓同學可以看到柏拉圖立體，並且可以旋轉它或改變大小。

同學也可以選取頂點、邊或面，看看它們的數目。並且試算看看歐拉定理是否成立

（面數－邊數＋頂點數＝ 2）。

Utah State University: National Library of virtual Manipulatives: Platonic solids Duals

matti.usu.edu/nlvm2/nav/frames_asid_131_g_3_t_3.html

這個網站可以看到所謂的雙柏拉圖立體，也就是兩個柏拉圖立體套在一起的結構。

外面的柏拉圖立體每個面的中心點，就成為裡面的柏拉圖立體的頂點。

Utah State University: National Libray of Virtual Manipulative: Platonic Slids – Slicing

matti.usu.edu/nlvm2/nav/frames_asid_126_g_3_t_3.html

這個虛擬的操作網站，可以讓你看到一個平面截過柏拉圖立體的情形。

柏拉圖立體顯示在左邊的視窗，截面的形狀呈現在右邊的視窗。

Utah State University: National Library of Virtual Manipulatives: Space Blocks

matti.usu.edu/nlvm2/nav/frames_asid_195_g_3_t_2.html

可利用小立方塊，建構出各種立體形狀。

第 5 部

對　稱

◎ 剛體運動：旋轉、反射、平移與滑移反射

◎ 對稱　◎ 對稱線　◎ 嵌鑲

　　對稱（symmetry）創造了模式（pattern），而模式有助於我們將認識的世界做個觀念上的整理。自然界有許多對稱模式，早就由藝術家、工匠、音樂家、舞蹈家與數學家發現了。

　　對稱是一個與我們大家非常親近的議題，因為到處都看得到對稱的實例。伸出你的雙手，讓姆指相接觸而手掌向下，看起來是不是像這個樣子？

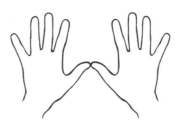

　　這是一個反射（reflection）對稱的例子。反射也是一種剛體運動（rigid motion），也就是一種保持著原來形狀的運動。在運動前後，物體的形狀看起來一模一樣。

　　當你把一個手印翻轉過來，造成反射對稱的圖像時，手印的形狀沒有任何改變，不會變成別的形狀。平面上任何種類的對稱，都是由不同種類的剛體運動而來的。我們會在第 1 節介紹這些剛體運動。而在這〈第 5 部〉中，數學博士將介紹：

　　◎ 剛體運動：旋轉、反射、平移與滑移反射

　　◎ 對稱

◎ 對稱線

◎ 嵌鑲

1. 剛體運動：旋轉、反射、平移與滑移反射

剛體運動也叫做剛體變換，或叫「等矩變換」（isometry）。剛體運動是在平面上移動一個物體或圖形，使它的相關度量能保持不變。當你旋轉一個正方形時，一些相關尺寸，如邊長、對角線長度與每個內角，都保持不變。這就是剛體運動的一個例子。這一節，數學博士要介紹平面上的各種剛體運動給各位，包括：旋轉（rotation）、反射、平移（translation）與滑移反射（glide reflection）。

旋轉與反射

親愛的數學博士：

請問轉動與翻轉有什麼不同？我很難分得出來。

敬祝   大安   理昂

親愛的理昂：

　　轉動與翻轉是我們日常使用的口語，一般人聽到會覺得很親切。它們代表的數學專業術語，就是「旋轉」與「反射」。用比較簡單的說法，大家可能更容易瞭解。我們且把這兩件每天碰得到的動作，與數學意義連貫起來。

　　如果我轉個身，我會旋轉去面對一個新的方向。而在這裡，我把一個正方形旋轉 45°。

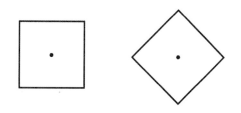

　　旋轉並不會改變一個圖形的形狀，但卻會改變圖形各部分的位置，以及它面對的方向。大家最能體會的旋轉動作是原地旋轉。例如，假設我的正方形是一張小紙片，我在它的中央釘個圖釘，然後將圖形繞著中心的圖釘旋轉。如此，旋轉前與旋轉後，圖形的中心點並沒有改變。

　　有時候，旋轉的中心點並不在圖形的中心點上，而是在不同的地方，請看次頁上方的兩個圖。

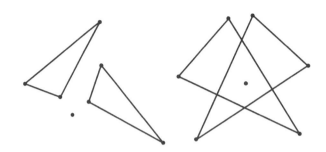

接下來談翻轉。就像把薄餅翻個面，我們根本就是把它整個翻個身。這種事情很像我們照鏡子，左邊與右邊互換過來。在這裡，我是把三角形翻轉過來：

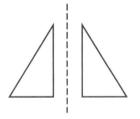

請注意，我們沒有辦法利用旋轉造成這種改變。如果三角形也是一塊小紙片，不管怎麼旋轉，都不會變成這個樣子，除非翻轉過來。或者，你可以沿著圖上的虛線擺一面鏡子，在鏡子裡，就能看到原始圖形的反射影像，出現在對稱的位置。你也可以把它想像成翻一本書的書頁，虛線就在書中間的裝訂線上。當然，這條虛線也可以出現在不同的地方。

下面這些圖例都是所謂的反射。

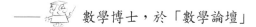

——　數學博士，於「數學論壇」

 反射與旋轉

親愛的數學博士：

　　反射與旋轉一個圖形，能不能造成同樣的結果？如果本身具有一條對稱線的圖形，是對著一條線反射的，那旋轉也能得到同樣的結果，對不對？

　　敬祝　　大安　　　　　　　　　　　　　　　　　　蘿倫

親愛的蘿倫：

　　我想你問的，大概是這樣的情況：我在這裡畫了一個 T 與一個 L ，並且都把它們對著一條線做反射。很明顯的， L 的反射圖形，

只有反射做得到，無論原圖怎麼旋轉，都是辦不到的。但是 T 就不同了，若沿著反射線上的某一點旋轉，也能得到相同的圖形。如下圖所示。這是因為 T 本身具有一條對稱線， T 自己就是左右對稱的圖形。（對稱與對稱線的意義，請參閱第 2 節與第 3 節）。

如果問題是問，怎麼樣的變換，可以把第一個 T 變到第二個 T 的位置？你可以用反射，也可以用旋轉。當然，如果 T 上面有一個特殊記號， T 本身不再是左右對稱的，你就只能選某一種特定的變換方式了，無法含混過關。譬如這一對 T ，只能旋轉：

而這一對 T，只能反射：

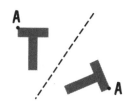

你看得出來嗎？

—— 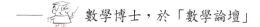 數學博士，於「數學論壇」

平　移

親愛的數學博士：

　　在幾何上，平移是什麼意思？

　　敬祝　　大安

理昂

親愛的理昂：

　　平移的意思是直接從一個地方，移動到另一個地方。平移一件物體，是指單純的移動位置，沒有反射與旋轉。每次平移，都有特定的方向與距離。這就是平移需要的因素，它是最簡單的剛體運

動。它可以和另外一種剛體運動「反射」，結合在一起，構成「滑移反射」。下圖就是一些平移的例子，箭頭代表了方向與距離。

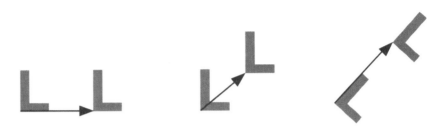

—— 數學博士，於「數學論壇」

滑移反射

親愛的數學博士：

　　請看我複印的這個圖形。我們老師說，它沒有辦法用反射做出來。但是明明下面的葉子就是上面葉子的鏡像，為什麼不行？

敬祝　　大安　　　　　　　　　　　　　　　蘿倫

親愛的蘿倫：

　　如果你反射上面的一片葉子，你會在原來葉子的正下方，得到另一片葉子。但是在這個圖形裡，下面那排葉子的位置是錯開的，它們沿著橫線移開了一點點距離，不再與原來的葉子相連。因此，你除了要反射葉片之外，還要平移它們。這就是滑移反射。

　　當然，你也可以先平移葉子，再反射，效果是一樣的。這裡還有個例子，已經標出反射線與平移記號。如果我們改變順序，先平移再反射，你能標出另一個 R 的位置來嗎？

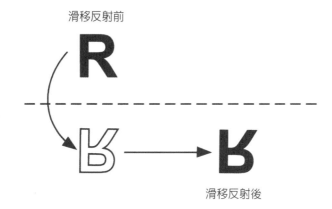

滑移反射前

滑移反射後

　　　　　　—— 數學博士，於「數學論壇」

2. 對 稱

現在，我們已經知道什麼是剛體運動了。但是剛體運動與對稱又有什麼關係呢？

「對稱」的英文字 symmetry ，來自希臘字，意思是指「有相同的度量」。對稱圖形的對應部分，會有同樣的度量值、同樣的比例。這聽起來相當熟悉，因爲剛體運動就保留了形狀的度量值。

這就是了， 4 種不同的剛體運動，在平面上會造成 4 種不同的對稱效果。

四種平面對稱

親愛的數學博士：

對稱有哪些不同的形式？

敬祝　　大安

理昂

親愛的理昂：

　　平面上的對稱圖形，是由剛體運動而來的。也就是你把構成一個圖形的所有的點，都同時移到平面上的另一個位置，而點與點之間彼此的關係都保持不變；雖然它們的絕對位置已經改變了。換句話說，在變換之後，圖形看起來還是一樣的。

　　平面上有 4 種不同的剛體運動，因此也有 4 種對稱方式：

(1) 圖形的旋轉，可以造成旋轉對稱。

(2) 反射可以構成另一種對稱，叫反射對稱。這種對稱也叫做鏡面對稱（mirror symmetry）、兩側對稱（bilateral symmetry）、左右對稱。

(3) 圖形的平移，可以造成平移對稱。

(4) 第 4 種對稱叫做滑移反射對稱。我敢打賭，你知道它是哪一種剛體運動造成的。

　　並不是每一個剛體運動，都會產生對稱圖形。請畫一把餐刀，假設沿著刀把的底部旋轉 90°，它看起來像什麼樣子？

　　現在，你有兩把呈 90°的刀子，這個圖形有旋轉對稱嗎？沒有，它還不是。再想像同時旋轉這兩把刀子 90°，也就是右邊這整個圖形

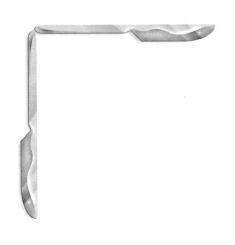

轉 90°，你會得到什麼？一對指向東方與南方的餐刀！它取代了原先指向北方與東方的那一對刀子。左邊這個圖形，看起來與原來的圖形一樣嗎？

當然不一樣，你一下子就分得出誰是誰了。但這還不是旋轉對稱。你還得把整個圖再旋轉兩次：180° 與 270°。這樣子，你會得到有四把餐刀互相垂直的一個葉片狀的圖形。這才是一個旋轉對稱的圖形。

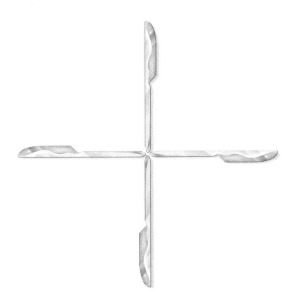

所謂旋轉對稱的圖形，是指如果你繞著某一點，把圖形旋轉了一個小於 360° 的角，而它看起來與原先的圖形一模一樣，那麼這

種圖形，就是旋轉對稱的。有一種特殊的旋轉對稱，叫做「點對稱」（point symmetry），這是發生在當圖形是 180°的旋轉對稱時。如果你畫個 S，中央有個點，然後繞著這個點把 S 旋轉 180°，你會得到一個完全一樣的 S，這就是點對稱。

S

　　圖形如果以一條線為轉軸，整個翻轉過來，結果與原先的圖形完全重疊，我們就說這個圖具有反射對稱，例如下面的蝴蝶造型。反射對稱也有另外一些名稱，叫直線對稱、兩側對稱（對稱線把圖形劃成左右兩側相同）、左右對稱、或鏡像對稱（因為你可以在對稱線上放一面鏡子，在鏡子裡看到完全相同的圖像）。

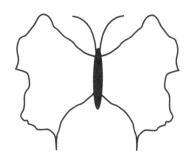

　　平移對稱牽涉到的東西會稍微多些。你記不記得，平移是最簡單的剛體變換，只要把一個圖形沿著某個方向，移動一段距離就行了。但平移對稱指的是，你有一個圖形，在移動一段距離之後，看起來完全一樣。如果你只移動圖形的一部分，有時候並不能構成對稱的效果。次頁的圖是個例子：

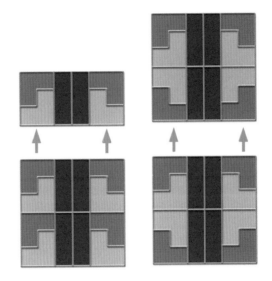

　　左邊的圖形，是由兩個完全相同的平移單元構成的。你可以只平移其中的一個單元。至於右邊的圖形，是由兩個互相反射的單元構成的。要構成平移對稱，必須把兩個單元一起平移才行。如果你只用到圖形的上半部，就會破壞掉完整的模式。

　　在平移對稱的形式裡，整個圖案會一直重複下去。你並不需要不停的畫過去，數學家會假設花紋是持續下去的。

　　滑移反射對稱是唯一需要兩個變換步驟的對稱，因為滑移反射變換是包含兩個步驟的剛體運動。而且由於這種滑移反射對稱包含了平移的步驟，圖形也具有平移對稱的特性，圖案必須無限重複下去。我把它說得簡單一點：你們還記不記得前面提到的那條葉脈？

如果我們把它想像成永遠延伸下去，它就是一種滑移反射對稱。

有個取巧的方法，可以設計出不需要無限延伸的滑移反射對稱圖案：你把它做在三維物體的表面，就成了。例如在碗口上設計一圈花紋，它會繞成一圈，永遠重複下去。

—— 數學博士，於「數學論壇」

3. 對稱線

　　如果你能訓練自己，找出對稱線來，那麼反射對稱是最容易辨認出來的對稱方式。那麼，什麼是「對稱線」(line of symmetry) 呢？這是在鏡像對稱（就是反射對稱）的圖形裡，鏡子所放的位置。

　　我們舉個例子，你的一隻右手，並不是對稱的物體。但如果你把兩隻手伸出來，靠在一起，就構成一個對稱的圖形。我們可以這樣說，是因為如果我們在兩手中間的紅線上，放一面鏡子，再從鏡子裡去看這隻手的鏡像，你會發現這隻手與它的鏡像並列在一起，就像一雙手。或者，你把雙手的輪廓畫在一張紙上，然後沿著兩隻手之間的對稱線，把紙對摺。再對著光線看紙上的手的輪廓，你會發覺兩隻手的輪廓重疊在一起，只見到一隻手的輪廓。這條摺線，就是所謂的對稱線。

水平對稱與垂直對稱

親愛的數學博士：

　　我有一項作業，就是要到外面去找對稱的東西。其中，我必須找出具有水平對稱的物體。但我根本不知道這是什麼意思，字典裡也查不到。您能幫幫忙嗎？

　　敬祝　　大安

蘿倫

親愛的蘿倫：

　　水平對稱與垂直對稱都是一種反射對稱，又稱為鏡像對稱，是把鏡子擺在水平線或垂直線上。我們舉幾個簡單的例子。

　　垂直對稱（vertical symmetry）：如果一件物品是垂直對稱的，你在物品中央的垂直線上放一面鏡子，它的左邊及右邊會互為鏡像。

　　具有垂直對稱特性的英文大寫字母是：

A H I M O T U V W X Y

　　水平對稱（horizontal symmetry）：如果你通過物體的中央畫一條水平線，有水平對稱特性的物體，上半部與下半

部會互為鏡像。具有水平對稱特性的英文字母有：

B C D E H I O X

呈水平對稱的英文字有：

BIDED, DECIDED, BOXED,
OXIDE, HIDE, CHOICE

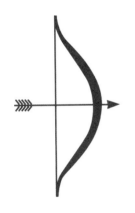

左圖是一副弓箭，它是個水平對稱的絕佳範例。

有些旗幟也是水平對稱的，讓我們來舉幾個例子：

1. 奧地利國旗，是三條橫帶，顏色分別為紅、白、紅。

2. 巴哈馬（Bahamas）國旗左邊還有個黑色的三角形。

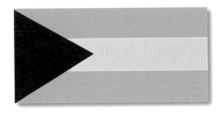

3. 巴林（Bahrain）國旗是左白、右紅，交界處為鋸齒形。

其他的例子，請你自己找一找。

——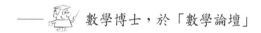 數學博士，於「數學論壇」

對稱線

親愛的數學博士：

　　什麼是對稱線？

　　敬祝　　大安

　　　　　　　　　　　　　　　　　　　　　　理昂

親愛的理昂：

　　對稱線是平面圖形上的一條想像的直線。如果這個圖形以這條線為轉軸，旋轉過來，你會得到與原來一樣的圖形。

　　我們可以用等腰三角形當做一個簡單的例子。假設把等腰三角形水平放置（以那條不一樣長的邊為底），讓它對面的頂點在上方，如右圖，則由頂點到底邊的垂直線，就是這個三角形的對稱線。這條線並不是原來圖形的一部分，所以我說它是一條假想的線。但這條線很容易畫出來。

　　如果你利用這條垂直線為轉軸，把三角形翻轉過來，則頂點還是原來的頂點，兩個邊互相交換過來，兩個底角也互相交換過來。但底邊還是維持不變（其實已經左、右邊互換了）。你會得到一個與原來完全一模一樣的圖形。

　　正方形是一個更複雜的例子。它有 4 條對稱線，其中 2 條是正方形的對角線，另外 2 條是通過對邊中點的連線。你看得出來為什麼嗎？這些線並不是原先圖形的一部分，但可以從原先的圖形畫出來。

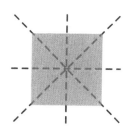

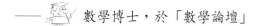
—— 數學博士，於「數學論壇」

測試對稱線

親愛的數學博士：

　　我怎麼知道一條線是不是對稱線？除了擺面鏡子看一看之外，還有什麼別的方法？

　　敬祝　　大安　　　　　　　　　　　　　　　　　　蘿倫

親愛的蘿倫：

　　你可以這麼測試一條線，看它是不是某個圖形的對稱線：只要把圖上的某個點，反射到線的另一邊去。如果這一點的反射點，是圖形上的另一點，那這條線就很可能是一條對稱線。

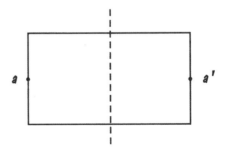

　　如果這一點的反射點，不在圖形上，那麼這條線鐵定不是一條對稱線。（請看次頁上方的圖。）

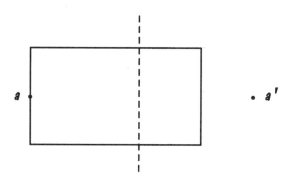

　　注意到沒？我剛剛寫說，「如果這一點的反射點，是圖形上的另一點，那這條線就很可能是一條對稱線。」只是「很可能」而已喔！有的時候，雖然反射點還是在圖形上，你仍然必須測試一些其他位置上的點，看看是否都符合。例如下面的圖：

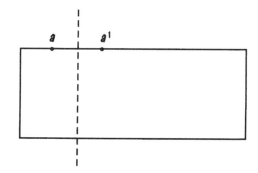

　　這條線並不是一條對稱線！

　　通常，你用圖形裡線段兩端的頂點來測試，會比較準確。如果頂點彼此是反射點，你就能確定自己得到一條對稱線了。

因此，我們可以利用反射線的觀念，來定義對稱線：如果我們把圖形的每一點，都從這條線反射過去，每次都落在圖形上的另一點，那麼這條線就是對稱線。

── 數學博士，於「數學論壇」

圓的對稱線

親愛的數學博士：

　　圓有幾條對稱線？我們在教室裡做過一場討論，也問過好幾個老師。我們最後歸納出三個答案，即：180 條，360 條，與無限多條。哪個是對的？

　　敬祝　　大安　　　　　　　　　　　　　　　　　　　　理昂

親愛的理昂：

　　你的問題似乎是問，圓有幾條對稱線，使圓在反射之後，圖形還是不變。

　　答案應該是無限多條。取任何一條直徑，然後將圓沿著這條直

徑反射，反射之後的圖形將自我重合。那些認爲是 180 條或 360 條的人，可能認爲圓的對稱線數目與它的角度有關。但並不是每個角度只有一條對稱線，或是每 0.5 度有一條，或甚至每八分之一度有一條……等等。

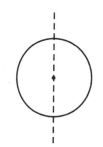

每個圓可以有無限多條直徑，因此，有無限多條對稱線。

另外要注意，圓對任何角度的旋轉，也是自我重合的。所以圓也有無限多的旋轉對稱。

—— 數學博士，於「數學論壇」

正方形的對稱性

親愛的數學博士：

你怎麼計算一個多邊形有多少種對稱性？

敬祝　　大安　　　　　　　　　　　　　　　　　　　　蘿倫

親愛的蘿倫：

讓我們從正方形開始談，這是個不錯的起點。單一個多邊形，

不會有平移與滑移反射這兩種對稱。因此我們要考慮的，只剩下反射與旋轉兩種對稱。

我們把正方形的角落，像這樣編上號碼：

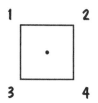

當我們沿著一條對稱線，翻轉正方形，或轉動一個正方形時，我們稱這種過程為剛體運動，因為移動前後，正方形都保持原樣，不會給壓扁或什麼的。

一個正方形有 4 條對稱線：水平線、垂直線、與 2 條對角線。它也有 4 種旋轉對稱的角度：轉 90°，轉 180°，轉 270°，轉 360°。

★ 水平反射──把 1 與 3 及 2 與 4 互換位置：

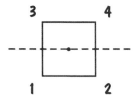

★ 垂直反射──把 1 與 2 及 3 與 4 互換位置：

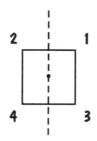

★ 沿 1,4 對角線反射── 1 與 4 維持不變，2 與 3 互換位置：

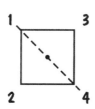

★ 沿 2,3 對角線反射── 2 與 3 維持不變，1 與 4 互換位置：

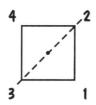

★ 360°（或 0°，看你如何看待它）旋轉──沒有任何改變：

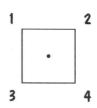

★ 90°旋轉──把 1 移到 2，2 移到 4，4 移到 3，3 移到 1：

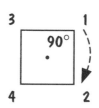

★ 180°旋轉──把 1 移到 4，2 移到 3，4 移到 1，3 移到 2：

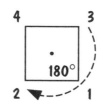

★ 270°旋轉——把 1 移到 3，3 移到 4，4 移到 2，2 移到 1：

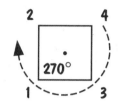

請注意，任何一種剛體運動之後，跟著再做一種剛體運動，結果會等於另一種不同的剛體運動的效果。例如，水平反射之後，接著做一次 90°旋轉，會把 2 與 3 互換位置，而 1 與 4 保持不變。這結果與沿 1,4 對角線反射的效果是一樣的。

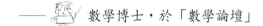

—— 數學博士，於「數學論壇」

4. 嵌鑲

你有沒有仔細看過地板的瓷磚嵌鑲模式與花樣？平面嵌鑲模式一般稱為「鋪瓷磚」（tiling）或簡稱「嵌鑲」（tessellation）。任何可以鋪滿平面的圖形，也就是圖形間不留任何空隙的，都是嵌鑲問題。

最早的嵌鑲圖案，是利用正方形鋪成的，就像西洋棋盤：

除此之外，還有許多其他可能的嵌鑲模式，我們會在這第 4 節看到。

就像平移對稱與滑移反射對稱，我們也假設嵌鑲模式是無限延伸的。但是你不必真的把所有圖形都畫出來，只要畫出一個單元圖形就行了，就代表它們會無限延伸下去。

嵌鑲是什麼？

親愛的數學博士：

什麼是嵌鑲？你能舉個例子嗎？

敬祝　　大安　　　　　　　　　　　　　　　　理昂

親愛的理昂：

　　如果你去查字典，字典一定會告訴你，嵌鑲就是把一小塊、一小塊的圖樣，拼成一塊很大面積的花紋或圖形，就像鋪瓷磚那樣。嵌鑲的英文字首 tesseres ，是從希臘字來的，英文意思是「四」。

　　中學可能學到的嵌鑲幾何，不外是學習利用正方形、正三角形或正六邊形為單元圖形來排列。這些單元圖形排出來之後，單元與單元之間不會留下任何空隙。

　　假設你有個房間地板要鋪瓷磚，你一定希望鋪得很平整、很好看，不要在瓷磚之間留下間隙。針對這個例子，我們再假設你只能選一種瓷磚，形狀大小一致，但是數量無限，隨你使用，直到鋪滿地板為止。由於每個瓷磚的大小與形狀完全一樣，而且可以完全鋪滿地板，不留空隙，我們把這種嵌鑲模式稱做「正則嵌鑲」（regular tessellation）。

　　（編注：實際進行鋪地磚工程的時候，瓷磚鋪到牆角時，難免會有空隙，這時需要切割瓷磚，才能夠鋪滿整個房間地板，完全不留空隙。但是正則嵌鑲只是一種數學概念，重點在於瓷磚彼此之間不能有空隙，並不關心瓷磚與牆角有沒有空隙。因為數學博士之前提過，嵌鑲模式是無限延伸的；只要瓷磚彼此之間能夠密合，就能「鋪滿」——或者應該說是「涵蓋」房間地板的面積。讀者從次頁的圖應該可以看出嵌鑲問題的重點所在，是多邊形之間不能有空隙，而不是多邊形與某個邊界是否有空隙。）

　　有些形狀的瓷磚可以讓你完全鋪滿地面，有些則不行。例如，如果你想用正六邊形，你是會成功的。因為每個正六邊形，可以與旁邊的正六邊形靠得緊緊的，完全不留空隙。蜂巢狀就是如此。但是如果我們想用正八邊形，就會失敗。正八邊形沒有辦法與鄰居緊緊靠在一起。

　　不過，如果你結合了正八邊形與正方形，還是可以鋪滿整個地面。不只一種多邊形瓷磚的嵌鑲，稱為「半正則嵌鑲」（semiregular tessellation）。

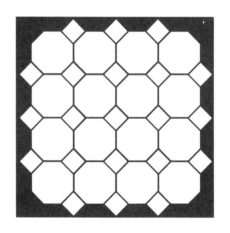

這是正八邊形與正方形的半正則嵌鑲

── 數學博士，於「數學論壇」

嵌鑲的證明

親愛的數學博士：

　　我想證明歐幾里得平面（Euclidean Plane）上，只有 3 種正多邊形可以正則嵌鑲。我知道它是怎麼回事。但是在我的嵌鑲專題報告裡，需要一些嚴謹的證明陳述。請幫忙。任何這方面的資訊，都是我歡迎的。

　　敬祝　　大安　　　　　　　　　　　　　　　　　　蘿倫

親愛的蘿倫：

　　歐幾里得平面，又簡稱歐氏平面。什麼是歐氏平面呢？簡單來說，你可以這樣判別：在歐氏平面上的三角形，內角和都是 180°。如果三角形的內角和不等於 180°，那麼這個三角形肯定不是在歐氏平面上，而是在非歐氏平面上，例如曲面；地球儀的表面就是一個現成的例子。

　　所謂正多邊形，是有 3 條以上的邊與 3 個以上的角，而且每個邊與每個角都是一樣的。因此，對每個正多邊形，你都可以計算出內角。對正三角形來說，內角是60°；對正方形來說，內角是90°；正五邊形是 108°；正六邊形是 120°；而超過六邊以上的多邊形，

內角會超過 120°。

　　由於正則嵌鑲的時候，正多邊形的每個頂點必須靠在一起，構成一個平面，不留空隙；因此，內角必須能由 360° 來整除。這對於正三角形、正方形與正六邊形來說，都沒有問題，它們可以構成如下圖的正則嵌鑲。

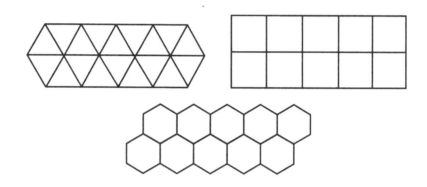

　　但是其他的正多邊形，內角就不能整除 360° 了。因此沒有辦法不露空隙的完全鋪滿平面。

　　　　　　　　　　　　── 數學博士，於「數學論壇」

鋪滿瓷磚

親愛的數學博士：

　　利用平移、旋轉與滑移反射，可以讓一個圖形鋪滿整個平面嗎？

　　敬祝　　大安

　　　　　　　　　　　　　　　　　　　　　　　　　　理昂

親愛的理昂：

　　不錯，你可以利用三種對稱、甚至四種對稱方式（反射、旋轉、平移與滑移反射）來鋪滿整個平面。至於為什麼？有兩個主要的觀念：

(1) 在一個對稱圖形裡，如果你有兩種對稱方式，那麼你也會有這兩種對稱結合起來的對稱方式。舉例來說，如果你的圖形是 $45°$ 的旋轉對稱與 $90°$ 的旋轉對稱，那麼它旋轉 $45°$ ＋ $90°＝135°$，也會是對稱的。因此，這個圖形在下列的旋轉角度上，都是對稱的，即：$45°$、$90°$、$135°$、$180°$、$225°$、$270°$、$315°$ 與 $0°$。

(2) 旋轉、平移、滑移反射，這三種對稱都是反射兩次或三次的結果：

★ 旋轉是依次對兩條交叉線反射的結果。

★ 平移是依次對兩條平行線反射的結果。

★ 滑移反射是平移加反射，因此是三次反射的結果。

—— 數學博士，於「數學論壇」

網路習題

讀者可從下列網站，學習到更多對稱的觀念：

Regular Tessellations

mathforum.org/pubs/boxer/tess.html

這是一個 Java 軟體「嵌鑲工具」網站，協助中學生瞭解，爲什麼正三角形、正方形
與正六邊形，可以鋪滿整個歐幾里得平面。

Repeated Reflections of an "R"

mathforum.org/sum95/suzanne/rex.html

同學可以利用反射對稱與旋轉對稱，設計圖形。

Sonya's Symmetry

mathforum.org/alejandre/mathfair/sonya.html

這是一個多元文化的互動網站，同學可以利用操作器來瞭解反射，並且畫出反射圖形。

Pre-Algebra Problem of the Week: Symmetry Surprise

mathforum.org/prealgpow/solutions/solution.ehtml?puzzle=219

辨認三種圖案的對稱形式。

Tessellation Tutorials

mathforum.org/sum95/suzanne/tess.intro.html

開出一系列的課後輔導題目，教同學利用各種程式工具，學習嵌鑲。

The Four Types of Symmetry in the Plane

mathforum.org/sum95/suzanne/symsusan.html

利用例題，說明旋轉、平移、反射與滑移反射，並且出些問題讓同學思考。

Using Kali

mathforum.org/alejandre/mathfair/kali.html

這是一個多元文化的互動網站，同學可以利用一些二維的歐幾里得對稱圖形，
來做互動式的編輯。

附錄

對　稱

附錄 **A**　幾何圖形

有一些很方便的公式，可以用來計算面積、周長、體積與表面積。

英文字母代表的數學意義：

A：面積（area）

P：周長（perimeter）

V：體積（volume）

S：表面積（surface area）

b：底（base）

B：底面積（area of the base）

s：邊（side）

h：高（height）

l：長度（length）

w：寬（width）

d：直徑（diameter）

C：圓周（circumference）

r：半徑（radius）

f：面的數目（number of faces）

e：邊的數目（number of edges）

v：頂點數目（number of vertices）

三角形公式：

$$A = 1/2 \cdot b \cdot h$$

$$P = s_1 + s_2 + s_3$$

三角形的種類：

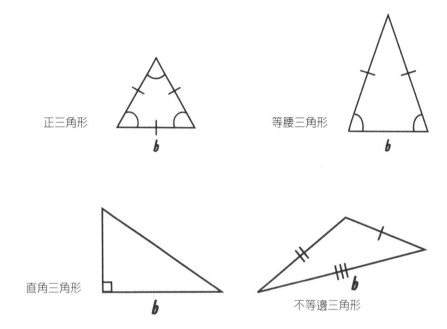

正三角形

等腰三角形

直角三角形

不等邊三角形

四邊形：

不等邊四邊形

$$P = s_1 + s_2 + s_3 + s_4$$

（內角和為 360 度）

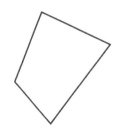

正方形

$A = s^2$

$P = 4s$

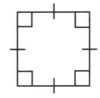

長方形

$A = l \cdot w$

$P = 2l + 2w$

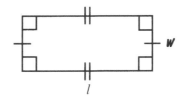

平行四邊形

$A = b \cdot h$

$P = 2s_1 + 2s_2$

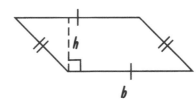

菱形

$A = b \cdot h$

$P = 4s$

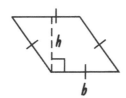

梯形

$A = h \cdot \dfrac{b_1 + b_2}{2}$

$P = b_1 + b_2 + s_1 + s_2$

$P = b_1 + b_2 + 2s$（若為等腰梯形）

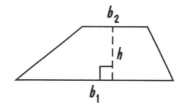

風箏形

$$A = \frac{對角線_1 \cdot 對角線_2}{2}$$

$$P = 2s_1 + 2s_2$$

正多邊形：

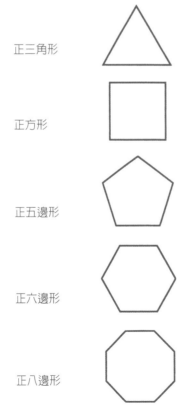

正三角形

正方形

正五邊形

正六邊形

正八邊形

圓

$A = \pi r^2$

$P = \pi d$

長方柱

$V = l \cdot w \cdot h$

$S = 2lw + 2wh + 2hl$

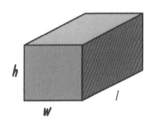

立方體

$V = s^3$

$S = 6s^2$

棱柱

$V = Bh$

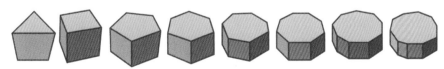

$S = 2B +$ 底的周長 $\cdot h$

正多面體：

歐拉公式： $f - e + v = 2$

四面體

立方體

八面體

十二面體

二十面體

金字塔

$$V = \frac{1}{3} \cdot Bh$$

$$S = \frac{\text{斜邊高} \cdot \text{底的周長}}{2} + \text{底面積}$$

（正金字塔）

其他立體：

圓柱

正圓柱

$$h = \text{側邊長}$$
$$V = Bh$$
$$\text{側表面積} = 2\pi r \cdot h = \pi d \cdot h$$
$$S = \pi d(r + h) = 2 \cdot B + (\pi d \cdot h)$$

錐體

$$V = \frac{1}{3} \cdot \text{B}h$$

圓錐

$$側面高 \; = \; \sqrt{r^2 + h^2}$$

$$側表面積 \; = \; \pi r \; \cdot \; 側面高$$

$$S \; = \; \pi r(r \; + \; 側面高)$$

$$V = \frac{1}{3} \cdot \pi r^2 \cdot h$$

球

$$S = 4\pi r^2 = \pi d^2$$

$$V = \frac{4\pi}{3} \cdot r^3 = \frac{\pi}{6}d^3$$

附錄 B　名詞解釋

【3 畫以下】

一維（one-dimension）

物體只在一個方向上有度量值。線就是一維的。

二維（two-dimension）

物體在兩個方向上都有度量值。平面是二維的，所以平面上的圖形也都是二維的，例如正方形、長方形、圓等。

三維（three-dimension）

物體在三個方向上都有度量值。立方體是三維的，所有的多面體也都是三維的。

【4 畫】

水平的（horizontal）

平行於水平線的方向；它的方向是從左邊到右邊、或從右邊到左邊（也就是 x 軸的方向），而不是從上往下。

反射（reflection）

一種剛體運動，整個圖形以一條線為轉軸，翻轉過去。就像有一面鏡子立在這條線上的鏡射情況。

不等邊（scalene）

一個多邊形的每個邊都不一樣長，就是不等邊。

【5 畫】

正（regular）

由完全相同的部分組成的。正多邊形是所有的邊相等、所有的角相等的多邊形。

正方形（square）

所有邊長都一樣、所有角度都是直角的四邊形。

半正多面體（semiregular polyhedron）

由兩種以上的正多邊形，以相同的順序環繞每一個頂點，所構成的多面體。

平行（parallel）

同一平面上的線，如果有相同的斜率而永遠不會相交，我們就說它們是平行的。線如果是平行的，線上的線段也是平行的。一些平面、或兩個平面上的圖形，如果每個地方都分別保持相同的距離，這些平面或圖形也是平行的。

平行四邊形（parallelogram）

兩組對邊互相平行的四邊形。

平面（plane）

幾何學上，三個未定義的圖形之一。平面是平坦展開的東西，就像一張紙，永遠向四周延伸。三個點、或一條線加上一個點，就能決定一個平面。

平移（translation）

一種剛體運動，圖形向某個方向移動一段距離。

未定義名詞（undefined terms）

點、線、面，是三個未定義的幾何名詞。其他幾何名詞是以這三個未定義名詞為基礎，而定義出來的。我們可以說明點、線、面，解釋點、線、面的特性，但無法提供嚴謹的數學定義。

半徑（radius）

圓心到圓上任何一點的距離，是直徑的一半。也代表任何一條兩端分別在圓心與圓上的線段。

四面體（quadrilateral）

有 4 個面的多面體。

立體（solid）

封閉的三維圖形。

【6 畫】

同位角（corresponding angle）

兩條平行線被一條截線所截時，在截線與平行線各自相對應位置上的角，就是同位角。換句話說，如果平行線是水平的，則上一條平行線在交點左上位置的角，與下一條平行線在交點左上位置的角，就是同位角。同位角的角度相同。

全等（congruent）

　　兩個圖形全等，表示它們有相同的尺寸。如果你把全等圖形畫在透明紙上，然後把兩個圖形重疊在一起，你無法看出任何不同。

多邊形（polygon）

　　一個二維的封閉圖形，由幾條線段構成。

多面體（polyhedron）

　　一個三維的封閉圖形，由幾個面來構成，每個面都是多邊形。

交錯角（alternate angle）

　　兩條平行線被一條截線所截，而形成的角，有內外之分。內錯角都在平行線之間，外錯角都在平行線的外側。除了這個條件之外，一對交錯角要分別在截線的兩側，還要分別是不同的平行線與截角形成的角。交錯角的角度大小相同。

【7 畫】

角（angle）

　　兩條直線、線段或射線交會在一點上，形成的一個彎折線。在三維幾何裡，是兩個面交會形成的彎折面。

角度（degree）

　　度量角的一種單位，一個圓共有 360 度。

【8 畫】

周長（perimeter）

一個多邊形外圈的總長度。

直角（right angle）

正好 90°的角。

直徑（diameter）

橫過一個圓最寬的距離，是半徑的兩倍。另外，通過圓心的弦就是直徑。

長方形（rectangle）

一個所有內角都是 90°的四邊形。又稱為矩形。

垂直的（vertical）

與水平相對，是一種上下走、與水平線成直角的情況。

垂直（perpendicular）

線或線段彼此相交成直角。

表面積（surface area）

多面體各面的面積總和。請參考「面積」。

【9 畫】

弦（chord）

一條兩個端點都在圓上的線段。直徑就是一條通過圓心的弦。

弧度（radian）

度量角度的一種方式。一個圓約有 6.2831853 或 2π 弧度。

面積（area）

在平面上一個圖形包圍起來的部分，它的範圍大小的度量。請參考「表面積」。

風箏形（kite）

又稱為鳶形。一種四邊形，有兩對相等長度的鄰邊。（另一種不同的定義也有人用，是說這兩對邊長必須不同。也就是說，菱形與正方形都不算是風箏形。）

【10畫】

原點（origin）

在笛卡兒座標系（直角座標系）裡，x 軸與 y 軸的交點。

展開圖（net）

二維平面上的圖形，能代表三維空間的物體。它在二維平面上，表示出三維物體的每個面。如果把平面上的圖形切割下來，可以摺疊成所代表的三維物體。

射線（ray）

線的一部分，但是從某一點開始只往一個方向延伸，有時也稱為半線。

座標平面（coordinate plane）

一個網格系統，由水平的 x 軸與垂直的 y 軸來提供位置的參考點。座標值可以告訴你某個點在平面上的位置，它由沿著軸的距離來決定。

剛體運動（rigid motion）

物體或圖形的某種運動。運動前後，物體或圖形本身的所有度量值都保持不變。也稱為剛體變換。

【11 畫】

笛卡兒幾何學（Cartesian geometry）

研究座標平面上的幾何圖形的一門學問。座標平面是法國數學家笛卡兒（Rene Descartes, 1596-1650）提出的，因此用他的名字做紀念。

畢氏定理（Pythagorean theorem）

在直角三角形裡，兩股的平方和等於斜邊的平方。

梯度（gradient）

度量角度的一種單位，一個圓等於 400 梯度。

梯形（trapezoid）

至少有一對邊平行的四邊形。（另外有一種常見的定義，本書並未採用，說是「正好」有一對邊平行的四邊形。）

頂點（vertex）

平面上的兩條線、線段或射線交會（形成一個角）的點。在三維空間，則是三個以上的平面或面交會的點。

斜邊（hypotenuse）

直角三角形上，直角對面的邊，也是最長的一邊。

旋轉（rotation）

一種剛體運動，整個物體或圖形繞著某一點轉動某個角度。這一點可在圖形裡，也可在圖形外。

嵌鑲（tessellation）

利用多邊形去鋪滿整個平面的方式。有時稱為「鋪瓷磚」。

【12畫】

補角（supplement angle）

一對角，加起來等於 $180°$，這兩個角就互為補角。

鈍角（obtuse angle）

在 $90°$ 與 $180°$ 之間的角。

菱形（rhombus）

所有邊長都相等的四邊形。

棱柱（prism）

上底和下底平行且全等的多面體，而連接上下兩底的側面都是平行四邊形。正棱柱的側面都是長方形，也就是側面與上、下底的交角都是直角。

等邊三角形（equilateral triangle）

三角形的 3 個邊都相等， 3 個角也都相等。又稱正三角形。

等腰三角形（isosceles triangle）

一個兩邊長相等的三角形。這兩邊稱為腰。

量角器（protractor）

可測量畫在紙上的角度的工具。

【13畫】

腰（legs）

等腰三角形一樣長的那兩邊，或是梯形不平行的那兩個邊。

圓（circle）

平面上，所有與某一特定點有相等距離的點，集合而成的圖形。

圓周（circumference）

沿著圓的邊線走一圈的距離。

圓周率 π

是個常數，近似值為 3.1416。是圓的圓周與直徑的比值。

滑移反射（glide reflection）

結合了平移與反射的剛體運動。由滑移反射構成的對稱模式，必須想像成可以無限延伸下去。

【14畫】

截線（transversal）

與兩條平行線交叉的直線。

對稱（symmetry）

在剛體運動之後，圖形看起來與運動前完全一樣的一種特性。

對稱線（line of symmetry）

圖形依這條線做反射之後，會得到與原來一模一樣的圖形。

對頂角（vertical angle）

當兩條線相交，形成一個頂點時，頂點兩邊所構成的角度叫對頂角。

【15畫】

線（line）

幾何學上三種未定義的圖形之一。線沒有厚度、完全是直的、而且永遠向兩端延伸下去。兩點可以決定一條線。

線段（line segment）

線的一個有限的段落，通常由兩個端點決定。

銳角（acute angle）

小於 90° 的角。

餘角（complement angle）

兩個加起來成 90° 的角，彼此互為餘角。

鋪瓷磚（tiling）

見第 262 頁的「嵌鑲」一詞。

【17畫】

點（point）

三個幾何學上未定義的圖形之一。點只代表一個位置，沒有任何尺寸。

優角（reflex angle）

大於 180° 的角（但是小於 360°）。

【19畫】

邊（edge）

在多邊形邊緣上的線段；一個多面體的兩個面交界處的線段。

【23畫】

變數（variable）

在數學式或公式裡，用來代表未知數的符號。

體積（volume）

一個物體所占有的三維空間大小的度量。

附錄 C 誌謝

Suzanne Alejandre 與 Melissa Running 在「數學博士」的基礎上，創造了這本書，如果沒有以下幾位數學論壇工作人員的協助，是不可能完成的：

Annie Fetter ，「Problem of the Week」站主暨幾何顧問；

Ian Undrewood ，「主治醫師」；

Sarah Seastone ，編輯暨資料庫管理員；

Top Epp ，資料庫管理員；

Lynne Steuerle 和 Frank Wattenberg ，原始計畫發起人；

Kristina Lasher ，計畫副主持人；

Stephen Weimar ，數學論壇主持人。

我們也很感激 Jerry Lyons 的志願協助與鼓勵，以及 John Wiley 出版公司兩位編輯 Kate Bradford 與 Kimberly Monroe-Hill 的鼎力支援。

過去幾年來，數以百計的「數學博士」慷慨奉獻了時間和精力，沒有他們，就不可能有人可以「請問親愛的數學博士」。我們在此由衷表達謝忱，尤其要向以下十幾位數學博士表示謝意，他們所解答的中學幾何問題，是成就這本書的基礎：Luis Armendariz, Joe

Celko, Michael F. Collins, Bob Davies, Tom Davis, Sonya Del Tredici, Concetta Duval, C. Kenneth Fan, Dianna Flaig, Sydney Foster, Sarah Seastone Fought, Margaret Glendis, Chuck Groom, Jerry Jeremiah, Douglas Mar, Elise Fought Oppenheimer, Dave Peterson, Richard Peterson, Paul Roberts, Jodi Schneider, Steven Sinnott, Kate Stange, Jen Taylor, Ian Underwood, Joe Wallace, Peter Wang, Robert L. Ward, Martin Weissman, John Wilkinson, Ken William.

　　我們也必須向卓克索大學致上謝意。卓克索大學盡心盡力主辦數學論壇，已經使得「數學論壇＠卓克索大學」成爲中學、大學網路教育的領導者。

發現幾何之美

幾何、數字、音樂、宇宙學，
四門古老學問的最佳呈現

典雅的幾何

倫迪、薩頓 著　葉偉文 譯

■定價 220元　■書號 WS2023

　幾何、數字、音樂和宇宙學是最古老的四門學問，也是基本共通語言的基礎，幾乎每個文化中都可以發現它們的蹤跡。《典雅的幾何》正是這四門學問的縮影，在談論二維形狀與三維立體的同時，也揭露出這些古老學問之間的關連。

　三角形、拱形、六角形及螺旋形雖隨處可見，卻蘊含極大的學問，從瓷磚、教堂窗戶到偉大的金字塔，這些建築設計高度展現了幾何之美。圓球是五種柏拉圖立體和十三種阿基米得立體的基礎，這十八種立體不僅構成建材形狀，也是化學和原子物理的核心。自古至今，這些立體賦予任何對科學、設計和數學感興趣的人源源不絕的靈感！

葛老爹的
20 個數學遊戲！

《跳出思路的陷阱》《啊哈！有趣的推理》
《葛老爹的推理遊戲》作者葛登能再度出擊！

詭論、鋪瓷磚、波羅米歐環

葛登能 著　葉偉文 譯

■定價 220元　■書號 WS2007

　有一天，孩子要求父親給他500塊，好在星期六晚上約女朋友出去玩。父親抽了幾口菸，說：「這樣吧。今天是星期三，今晚開始到星期五，你每天晚上輪流和我及你媽下盤棋。如果你連贏兩盤，我就補助你週末約會的開銷。」

　「我先和誰下呢？」

　父親不懷好意的眨眨眼，「隨你便啦。」

　孩子知道父親的棋力比母親高。他該怎麼選才有機會連贏兩盤？

　葛老爹又準備了20個數學遊戲，要獻給喜歡動腦挑戰的你。這裡有變魔術、鋪瓷磚、玩單人棋，以及賭博陷阱、矛盾的詭論、腦筋急轉彎的問題。請你一起來動手玩遊戲、動腦解謎題，看看你有多厲害。

葛老爹的
20個數學遊戲！

《跳出思路的陷阱》《啊哈！有趣的推理》
《葛老爹的推理遊戲》作者葛登能再度出擊！

迷宮、黃金比、索馬立方體

葛登能　著　葉偉文　譯

■定價 220元　■書號 WS2006

　有位迷糊的銀行出納員，在兌換布朗先生的支票時，把美元和美分搞錯了。元的部分他給分，分的數目卻給元。布朗先生出銀行之後，先買了一份5分錢的報紙，接著卻發現剩下的錢，竟然是原支票金額的兩倍！請問原來的支票金額是多少？

　天才老爹葛登能又來了！這回他準備了20個數學遊戲，要獻給喜歡動腦挑戰的你。這裡有走迷宮、拓樸遊戲、益智玩具，以及數字根、黃金比、邏輯推理、機率問題。葛老爹將帶你從遊戲中出發，探討各式各樣的數學話題，進而體會遊戲背後的數學之美。

數學，也可以從遊戲中學習

從比爾・蓋茲和諾貝爾獎得主
約翰・納許的例子，
都可以看到遊戲能夠激發極大的創意。

沒有數字的數學

徐力行　著

■定價 360元　　■書號 WS051

　　從小成績在班上墊底，初中時讀的是放牛班，叛逆而不受教，卻因為父親從未放棄，藉由一個又一個數學遊戲從旁教導，加上在初二時遇到了良師，而對數學點燃起興趣。後來一路進入中原大學數學系，最後獲得紐約州立大學數學博士學位，也成為充滿教學與研究熱忱的大學教授。

　　《沒有數字的數學》是徐教授的初次寫作嘗試，他特別挑選了小朋友都會玩的一筆畫遊戲，做為本書的主軸，讓讀者透過深入淺出的文字，拿起筆在圖上一筆畫，從遊戲中訓練邏輯思考能力，激發想像空間，進而踏進計算機圖形理論的殿堂。

生活數學大發現！

你知道嗎，生活中應用數學知識的方式，
和學校教的制式數學知識，有很大的差異！

人間處處有數學

黃敏晃 著

■定價 220元　■書號 WS045

　　數學可不是一大堆公式跟定理，也不是用來應付考試的無聊玩意兒。其
實，生活中的大大小小事情，都離不開數學呢！

　　無論在買東西算價錢、評估自己該不該減肥、選擇手機號碼時，或是在
推理猜謎、預測選舉結果、碰上詐騙事件時，數學都能夠幫助你思考，並
解決問題。

　　甚至在等公車、坐計程車、搭電扶梯、或是旅程途中，也會遇上值得探
討的數學話題。

　　透過本書的16則故事，你會發現，原來生活周遭有這麼多運用數學的
方式，這和學校僵化的數學課所教的，非常不一樣！

斯坦教授的
十九堂數學課

除了解不完的方程式、畫不盡的函數圖，
數學課就不能教些別的東西嗎？

數學是啥玩意？（I）

斯坦　著　葉偉文　譯

■定價 220元　　■書號 WS033

　　斯坦教授的《數學是啥玩意？》，是為你我而開設的19堂不一樣的數學課，希望能幫助那些擁有好奇心的讀者，對數學二見鍾情。

　　這套書的第I冊從「稱重問題」談起，再慢慢帶到質數、無理數、有理數，此外還要教你怎麼鋪瓷磚、怎麼幫警察找出巡邏路線，以及「記憶輪」是什麼、有什麼重要用途。

　　數學，絕對不等於枯燥的數字計算，也不等於一頁又一頁沒有清楚解釋的難懂定理！讀過《數學是啥玩意？》之後，你就會徹底明白這一點。

斯坦教授的
十九堂數學課

除了解不完的方程式、畫不盡的函數圖，
數學課就不能教些別的東西嗎？

數學是啥玩意？（II）

斯坦　著　葉偉文　譯

■定價 220元　■書號 WS034

　　斯坦教授說：「數學最奇妙而且很重要的特性之一，就是有時為了某個特殊目的而發展的理論或架構，常常無心插柳柳成蔭，在預料之外的地方得到應用，而且不限於數學領域之內……」

　　譬如本冊談到的「正交表」，原只是十八世紀的數學家歐拉當做消遣的謎題：「如何把分屬6個團、6個軍階的36名軍官，排成一個6×6的方陣？」後來居然一躍成為實驗設計的基本程序！

　　在《數學是啥玩意？》的第II冊，斯坦教授要教你各種進位數的換算，告訴你怎麼玩方形數字盤。讀完本冊，你還能向人解釋，為什麼久賭必輸，以及棒球比賽中，盜壘戰術究竟有什麼學問。

國家圖書館出版品預行編目資料

搞定幾何！——問數學博士就對了／數學論壇＠卓
克索大學（The Math Forum, Drexel University）
著；葉偉文譯. --第一版. --台北市：天下遠見
出版；2004〔民93〕
面；　　　公分. --（科學天地；65）
譯自：Dr. Math Introduces Geometry：Learning
Geometry Is Easy! Just Ask Dr. Math！
ISBN 986-417-405-3（平裝）
1. 幾何 – 通俗作品

316　　　　　　　　　　　　　　　　93021717

典藏天下文化叢書的 **5** 種方法

1. 網路訂購
歡迎全球讀者上網訂購，最快速、方便、安全的選擇
天下文化書坊 www.bookzone.com.tw

2. 請至鄰近各大書局選購

3. 團體訂購，另享優惠
請洽讀者服務專線 (02) 2662-0012 或 (02) 2517-3688 分機 904
單次訂購超過新台幣一萬元，台北市享有專人送書服務。

4. 加入天下遠見讀書俱樂部
■ 到專屬網站 rs.bookzone.com.tw 登錄「會員邀請書」
■ 到郵局劃撥 帳號：19581543　戶名：天下遠見出版股份有限公司
（請在劃撥單通訊處註明會員身分證字號、姓名、電話和地址）

5. 親至天下遠見文化事業群專屬書店「93巷‧人文空間」選購
地址：台北市松江路93巷2號1樓　電話：(02) 2509-5085

搞定幾何！
──問數學博士就對了

原　　著／數學論壇@卓克索大學
譯　　者／葉偉文
顧 問 群／林和、牟中原、李國偉、周成功
系列主編暨責任編輯／林榮崧
封面設計暨美術編輯／江儀玲
插畫改繪／江儀玲

出版者／天下遠見出版股份有限公司
創辦人／高希均、王力行
天下遠見文化事業群 總裁／高希均
發行人／事業群總編輯／王力行
天下文化編輯部總監／林榮崧
版權暨國際合作開發協理／張茂芸
法律顧問／理律法律事務所陳長文律師、太穎國際法律事務所謝穎青律師
社　　址／台北市104松江路93巷1號2樓
讀者服務專線／（02）2662-0012　傳真／（02）2662-0007　2662-0009
電子信箱／cwpc@cwgv.com.tw
直接郵撥帳號／1326703-6號　天下遠見出版股份有限公司

電腦排版／凱立國際資訊股份有限公司
製 版 廠／凱立國際資訊股份有限公司
印 刷 廠／吉鋒彩色印刷股份有限公司
裝 訂 廠／政春裝訂廠
登 記 證／局版台業字第2517號
總 經 銷／大和圖書書報股份有限公司　電話／（02）8990-2588
出版日期／2004年12月20日第一版第1次印行
定　　價／380元
原著書名／**Dr. Math Introduces Geometry** : Learning Geometry Is Easy! Just Ask Dr. Math !
by The Math Forum, Drexel University
Copyright © 2004 by The Math Forum @ Drexel.
Cartoons copyright © 2004 by Jessica Wolk-Stanley
Complex Chinese Edition Copyright © 2004 by Commonwealth Publishing Co., Ltd., a member of Commonwealth Publishing Group
ALL RIGHTS RESERVED
Authorized translation from the English language edition published by John Wiley & Sons, Inc.
ISBN: 986-417-405-3　（英文版 ISBN：0-471-22554-1）
書號： **WS065**

BOOK 天下文化書坊　http://www.bookzone.com.tw
zone